认识航空

（第二版）

 万志强 主编

飞机、直升机知识与鉴赏

Introduction to Aviation
Knowledge and Photographs of Airplane and Helicopter

化学工业出版社
·北京·

本书较为系统地介绍了形式各样的航空器，阐述了航空器的飞行原理、构造、动力装置、系统及综合性能，概述了一些世界名机、世界著名飞行表演队、航空运动和航空名人的简要情况。在第一版基础上，对当今最先进的战机及客机等内容做了简要介绍，并更新了大量图片，增加可读性。

　　本书是为广大航空爱好者编写的科普读物，适合高中生及以上的航空爱好者阅读；也可以作为中学科技教师与航模教师培养青少年航空 / 航模爱好者的航空基础知识教材。

图书在版编目（CIP）数据

认识航空：典藏版 / 万志强主编 . --2 版 . -- 北京：化学工业出版社，2018.12
　　ISBN 978-7-122-33148-9

　　Ⅰ . ①认… Ⅱ . ①万… Ⅲ . ①航空－普及读物 Ⅳ .① V2-49

中国版本图书馆 CIP 数据核字（2018）第 230747 号

责任编辑：邢　涛　　　　　　　　　　　美术编辑：王晓宇
责任校对：王鹏飞　　　　　　　　　　　装帧设计：芊晨文化

出版发行：化学工业出版社（北京市东城区青年湖南街 13 号　邮政编码 100011）
印　　装：北京瑞禾彩色印刷有限公司
710mm×1000mm　1/16　印张15　字数 300 千字　2019 年 6 月北京第 2 版第 1 次印刷

购书咨询：010-64518888　　　　　　　　售后服务：010-64518899
网　　址：http：//www.cip.com.cn

凡购买本书，如有缺损质量问题，本社销售中心负责调换。

定　　价：68.00 元

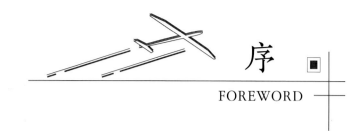

序

FOREWORD

梁启超《少年中国说》中有一段话："今日之责任，不在他人，而全在我少年。少年智则国智，少年富则国富，少年强则国强，少年独立则国独立，少年自由则国自由，少年进步则国进步，少年胜于欧洲则国胜于欧洲，少年雄于地球则国雄于地球。"

2012 年给中国人带来了翘首期盼的民族复兴的"中国梦"，也带来了"航空强国梦"，古老的中国大地掀起了震撼世界的航空风暴。国产歼 -15 舰载机 2012 年 11 月在航母上成功起降，国产第四代战斗机歼 -20 于 2016 年 11 月在珠海航展惊艳首秀，2017 年服役。国产运 -20 大型运输机 2013 年 1 月成功首飞，2016 年 6 月交付部队；国产 C919 大型客机 2017 年 5 月成功首飞；国产 AG600 水陆两栖飞机 2017 年 12 月陆地成功首飞，2018 年 10 月水上成功首飞。2012 年 4 月，在北美举行的堪称航模界"世界杯"的世界大学生航空设计大赛中，作为第一支来自中国的代表队——北京航空航天大学的航模队经过奋力拼搏，获得了高级组冠军，这样一群二十岁出头的年轻人一鸣惊人；随后北航航模队 2017 年、2018 年又在同一赛事获得冠军。

人类在经过陆地和海洋文明的发展阶段后，20 世纪初开创了空天文明时代。在信息社会和新经济时代，在新军事变革和新科技革命浪潮中，航空依然独领风骚、活力四射。纵观百年历史，航空过去、现在、将来也必然是世界强国博弈的重要舞台。

现代航空已经融入人类所接触到的很多方面，涉及军事、政治、经济、法律、科技、教育、社会生活、体育等诸多领域，航空体系庞大，从而对各个年龄段的人们都足以产生强烈的吸引力。纵观世界航空强国，航空高等教育和早期教育体系完善，国民对航空的认知程度很高，从小到大的航空迷，不仅在航空界，而是分布在政界、军界等各行各业，便于从政策等主流方面大力支持航空合理、有序、快速、高效、领先发展。对比我国现状，国民对航空的认知程度还比较低，特别是青少年群体，由此深深感觉到要实现"航空强国梦"，任重而道远。

2016 年 5 月习近平主席在全国科技创新大会讲话中指出：科技创新、科学普及是实现创新发展的两翼，要把科学普及放在与科技创新同等重要的位置。"少年强则国强"，体现在航空领域则应是"少年强则航空强"，青少年从小就了解、熟悉、掌握、热爱、痴迷航空，对于自身发展、关注航空、航空强国大有裨益。目前虽然也有一些高等学校的航空概论类教材、航空专业人员的读物及培训教材，但对于青少年和非航空专业的航空爱好者来说，这些资料的内容还是过于专业。《认识航空》一书于 2013 年首次出版，几年来对中国青少年和航空爱好者认识航空提供了很大的帮助。相信再次出版将对大众认识航空发挥更大的作用。

持续强大的航空体系是军事强国的标志，是经济强国的标志，是科技强国的标志。在民族复兴的春风里，我国航空迎来了更加辉煌灿烂的明天，但机遇与挑战并存。

梦想还未实现，少年倍加努力！

杨超
2019 年 3 月

前言

PREFACE

　　1878年圣诞节，美国一位伟大的父亲，给他两个儿子送了一个简单而奇妙的玩具——竹蜻蜓，并告诉他们这个竹蜻蜓能够飞向天空。在父亲的演示下，两个小兄弟开始相信，除了鸟和蝴蝶等动物之外，人造的东西也可以飞上天空。从此以后，在兄弟俩幼小的心灵里，就萌发了将来制造能够载人飞上蓝天的器械的梦想。这两兄弟就是众所周知的飞机发明者——莱特兄弟。

　　中国古代发明的玩具——竹蜻蜓给了莱特兄弟发明飞机的灵感，而他们1903年发明的飞机则带来了军事、运输方式等多方面的革命。飞机也成为20世纪最伟大的发明，让人类能够把活动空间拓展到天空，进入了航空航天时代。

　　飞机诞生100多年来，人类在航空和航天领域创造了许多伟大的成就，这些成就改变了世界的面貌，拓展了人类的视野，甚至影响和改变了人类的生活方式与时空观。随着航空航天的不断发展，公众尤其是青少年对于航空航天产生了浓厚的兴趣，不禁会问：什么是航空、航天？飞机、直升机为什么能够飞上蓝天？怎样对形式各样的能在空中飞行的器械进行分类？最大的飞机有多大？飞机和直升机能飞多高、多远和多快？为什么有的飞机能够飞得很快，而直升机和有些飞机却飞得较慢？

　　为了回答公众的上述疑问，也为了便于航空爱好者较为系统和全面地认识与了解航空，普及航空科学知识，作者在《航空模型》杂志连载文章——《万博士的航空讲堂》的基础上，通过凝练和拓展编写了本书。

　　笔者在参阅大量资料的基础上，图文并茂地提炼、概括和编撰了航空基础知识，力争做到深入浅出、通俗易懂，力求从多个角度呈现给读者多方面的知识，以期把读者带进航空真实而精彩的世界当中，激发读者的爱国热情和求知欲望。

由于航空科学内容广泛、发展迅速，本书不可能面面俱到，作者仅是结合自身在航空领域教学和研究过程中的经验与体会，把一些最基本、最有必要了解的基础知识进行了归纳和总结，抛砖引玉，以便读者能够较为全面和系统地了解航空基础知识，并激发读者对于航空科学的持续热情。

本书由万志强主编，在第一版的基础上进一步凝练和增补。本书编写中，多位同事为本书提出了宝贵的意见和建议，多名同学为本书绘制了插图。杨超教授曾任北京航空航天大学航空科学与工程学院的院长和北京航空航天博物馆的馆长，站在为国家培养更多航空后备人才的高度，对于本书的出版给予了大力支持，并亲自作序鼓励我们出版此书。张甸云老师为本书再版提供了精美图片。在此，对所有关心和帮助本书出版的仁人志士表示衷心感谢。

本书是为广大航空爱好者编写的科普读物，适合高中生及以上的航空爱好者阅读；也可以作为中学科技教师与航模教师培养青少年航空、航模爱好者的航空基础知识教材。

由于作者的水平所限，书中难免有不足或错误之处，敬请读者谅解和不吝指正。

万志强

2019 年 3 月

目录 CONTENTS

第一章

航空器的发展与分类

本章通过对航空器的发展和分类的介绍，和读者一起重温伟大的航空壮举、了解航空器的概况，为后面各章内容的介绍奠定基础。

1.1 人类的航空壮举

当我们仰望天空的时候，总会发现时不时有飞机掠过。或许不少人会问，这样一个庞然大物，其质量少则数百千克，多则几十吨、上百吨，怎么能够如此自如地在蓝天上飞翔呢？飞行究竟需要具备哪些条件呢？

图 1-1 美国莱特兄弟和他们设计、制造、飞行的"飞行者"1 号

其实，关于怎样才能像鸟儿一样在蓝天上翱翔，我们的先辈们探索了数千年，设想和尝试了许多种飞天方式，但基本都以失败告终。直到 1903 年 12 月 17 日，美国的莱特兄弟驾驶着他们设计和制造的"飞行者"1 号（图 1-1），进行了时间不到 1 分钟、距离只有 260 米的人类历史上第一次持续而有控制的动力飞行之后，人类才真正从根本上解决了飞上蓝天的关键问题。此后，飞机越造越大、越飞越高、越飞越快、越飞越远，各方面的性能都有了翻天覆地的提高（图 1-2 ～图 1-5）。

实际上，无论是莱特兄弟设计的"飞行者"1 号，还是现代的先进客机、战斗机、运输机……之所以能飞上蓝天，归纳起来是因为它们具备了飞行的三个最基本的要素：

图 1-2 最大起飞重量约 600 吨的安-225 运输机(乌克兰)背负着"暴风雪"号航天飞机（俄罗斯）

图 1-3 最大起飞重量约 560 吨、载客 500 ～ 800 人的 A-380 客机（右，欧洲）与载客 200 人左右的 A-319 客机（左，欧洲）

图 1-4 设计飞行速度达 8 倍声速、设计飞行高度达 80 千米的 X-34 试验机（美国）

图 1-5 不着陆、不加油连续飞行 76 小时环球一周的"环球飞行者"号（美国）

①具有能产生升力的机翼，用来平衡飞机的重力（图1-6）；

②具有能提供拉力或推力的动力系统，用来平衡飞机的阻力（图1-6）；

③具有能控制飞机姿态的操纵系统，让飞机有可操纵性，实现其按照预定的轨迹飞行（图1-7）。

此外，为了保证飞机可持续飞行，还要保证飞机在飞行时具有一定的稳定性，使得飞机在受到扰动偏离原平衡位置时，依然有恢复到原平衡位置的趋势。关于这些要素的详细情况及飞机如何满足这些要素，将在后文展开叙述。

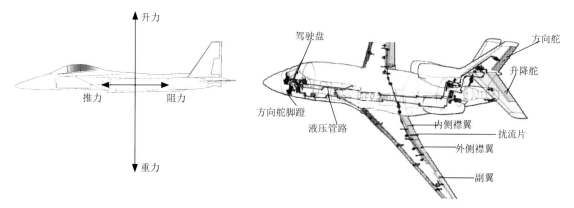

图 1-6 飞机在平飞时力的平衡关系　　　　　　图 1-7 民航客机的操纵系统

■ 1.1.1 飞行的探索

1.1.1.1 神话与传说

科学起源于臆想，人类在远古时代就萌生了飞行的梦想。那时，天上的飞鸟、林中的蝴蝶，甚至是飘浮的白云，都唤起人类对于飞行的憧憬。

中国神话传说里面的牛郎织女、嫦娥奔月、大闹天宫等，国外神话传说中的小天使、飞毯等，都蕴含着不同地域、不同民族的古代人类对于飞向天空的向往。

相传楚汉战争中，韩信制作了巨大的风筝，让张良坐在上面，放到项羽军队的上空，吹奏楚国乐曲，演绎了四面楚歌的故事。据说，公元9～23年，还有人用鸟的羽毛编成大翅膀，绑在身上，滑行百步。

诸如此类，古代关于飞行的神话和传说还有很多，虽然很多飞行的尝试都以失败告终，但却大大激发了人类对于飞行的渴望与探索。

1.1.1.2 气球与飞艇的发明

经过长期的探索，人们终于依靠比空气轻的航空器为成功地升空飞行迈出了坚实的第一步。中国的古代就发明了和现代热气球升空原理一样的孔明灯。1783 年 6 月 5 日，法国的蒙哥尔费兄弟用麻布制成的热气球完成了成功的升空表演（图 1-8）。他们在气球开口处烧草和羊毛使气球内的空气受热，热空气的密度小于气球外的冷空气，产生升力，从而达到使气球升空的目的。

蒙氏兄弟的热气球升空引起了当时许多科学家的重视。1766 年发现氢气后，人们制造成氢气气球，取得了更好的升空效果。1783 年 11 月 21 日，两个法国人乘坐蒙哥尔费气球，在 1000 米高的空中，飞行了 12 千米，完成了人类首次乘坐航空器飞行的伟大壮举。

气球是一种没有操纵装置的航空器，只能随风飘动，使用很不方便。1852 年，一位法国人在气球上安装了一台功率仅为 3 马力❶的蒸汽机，用来带动一个三叶螺旋桨，使其成为第一个可以操纵的气球，这就是最早的飞艇（图 1-9）。

图 1-8 最早的热气球

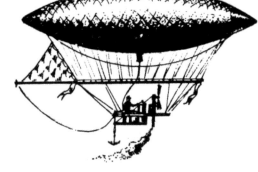

图 1-9 世界上第一架飞艇

1899 年，德国人齐伯林伯爵设计并制造了第一架硬式飞艇。这种飞艇的动力装置采用燃料为汽油的内燃机。动力装置带动螺旋桨推动飞艇前进，大大提高了飞艇的飞行速度。齐伯林飞艇（图 1-10）很快成为具有实用价值的航空器，在民用运输以及轰炸、巡逻和侦察等军事用途方面发挥作用。

图 1-10 德国人齐柏林与他设计的齐柏林飞艇

❶ 1 马力 ≈ 0.735kW。下同

1.1.1.3 滑翔机的发明

气球和飞艇的成功，为人类创造飞机积累了丰富经验。但气球和飞艇的飞行速度与飞行高度都比较低，且体积庞大，飞行性能与真正意义上的飞机还相差甚远。正如前面所说，要使飞机能够成功飞行，必须解决它的升力、动力和稳定操纵问题。

19世纪初，英国人凯利首先提出利用固定机翼产生升力和利用不同的装置控制和推进飞机的设计概念。为验证该概念的有效性，凯利于1849年制造了第一架滑翔机，并进行了试飞。

关于飞机的动力和稳定操纵问题，当时存在两种观点。有人主张先解决飞机的动力问题，因为那时蒸汽机的效率不高，难以实现飞机的动力飞行；另外一些人主张先解决飞机的稳定操纵问题，试图先通过滑翔机获得这方面的知识，然后在滑翔机上安装发动机。

1883年，效率较高的汽油内燃机问世，为飞机的动力飞行提供了条件。支持上述前一种观点的美国科学家兰利设计了以内燃机为动力的飞机，但试飞均告失败（图1-11），其原因是没有解决飞机的稳定操纵问题。支持另一种观点的德国人李林达尔与他的弟弟合作，于1891年制成一架滑翔机，成功地飞过了30米的距离，后来他们又制造了多架单翼和双翼滑翔机（图1-12），不幸的是，在5年后的一次飞行试验中，李林达尔失事牺牲。这两派人员的工作虽然都有失败，但都为人类的有动力飞行——飞机的飞行奠定了基础。

图1-11 美国兰利设计的飞机试飞失败掉入水中

图1-12 德国飞行家李林达尔和他的滑翔机

1.1.1.4 中国的五大航空发明

中国古代科学技术的成就对于世界航空航天技术的发展具有重要作用。中国古代发明的风筝、竹蜻蜓、孔明灯、火箭、走马灯被誉为中国的五大航空发明。这五大航空发明目前还经常在我们的娱乐活动中出现。但遗憾的是，千百年来，这些中国古代的发明在我们国家只是非常平常的娱乐工具，而一旦传到国外就成了现代航空技术的启蒙。这非常值得我们去深思。

（1）风筝

风筝是中国人发明的。相传春秋时期的墨翟就以木头制成木鸟，研制三年而成，是人类最早的风筝起源。后来鲁班用竹子，改进了墨翟的风筝材质，进而发展成为今日的风筝。

正如莱特兄弟和李林达尔在感慨他们伟大成就时所说的那样，中国的风筝（图1-13）对于他们发明飞行器起到了重要作用，因为风筝揭示了平板上的空气动力和升力产生的原理。当风筝的平面与气流成一定夹角时，流过风筝上下表面的气流不对称，如图1-14所示。

气流受到风筝面的阻拦，速度降低，压强增大，气流分成上下两股绕剖面向后流动，并在平板后面形成低压区，产生气流分离，平板前后形成压强差，再考虑空气与平板之间产生的摩擦力，就形成了总的空气动力F，其方向指向剖面的后上方。力F垂直于气流的分力L和平行于气流的分力D就是我们所说的风筝受到的升力和阻力。这个原理和我们后面会讲到的翼型上升力产生的原理有一定的区别，但却为之后产生升力的翼型和机翼的设计提供了参考。

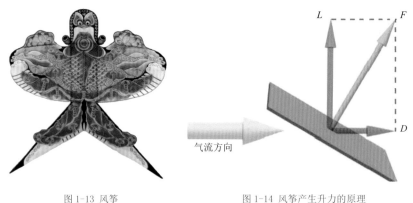

图1-13 风筝　　　　　　图1-14 风筝产生升力的原理

（2）竹蜻蜓

竹蜻蜓是我们平常生活中非常普通而有意思的一种玩具，如图1-15所示。公元前500年，中国人就已经制成了会飞的竹蜻蜓。玩竹蜻蜓时，只要轻轻用手搓动竹柄并松手就可以让它飞上蓝天。正是这非常不起眼的竹蜻蜓揭示了直升机旋翼产生

升力的基本原理：旋转的"翅膀"——旋翼可以产生足够大
的升力使得旋翼航空器飞上蓝天。因此，直升机（图1-16）
的诞生启发于竹蜻蜓。

图 1-15 竹蜻蜓

世界上第一架飞机的发明人——莱特兄弟在介绍他们发
明飞机的经历的时候，经常提到：小的时候，父亲给他们买
了一个能飞的竹蜻蜓，兄弟俩十分喜欢，并开始仿制不同尺
寸的竹蜻蜓，从此便一生与飞行结下了不解之缘。

图 1-16 现代的直升机

（3）孔明灯

孔明灯（图1-17）相传是由三国时的诸葛亮发明的。孔明灯揭示了热气球（图
1-18）的飞行原理，即通过加热使其内部空气密度变小，从而产生一定的浮力。热气
球也是最早投入使用的航空器。

图 1-17 孔明灯

图 1-18 热气球

（4）火箭

火箭是一种靠燃烧气体产生的反推作用而工作的飞行器，这种反推作用的基本原理则是最早由古代中国人揭示和实践的。中国在秦汉时期就发明了火药，这为古代火箭诞生于中国提供了有利条件。早在唐末宋初，中国就出现了最早的实用火箭。古代的火箭（图1-19）使用固体火药来产生高速向后喷射的燃气，用以推动火箭向反方向运动。现代的火箭（图1-20）的理论基础也是反推效应，只不过可以选择使用固体燃料或液体燃料而已。

图1-19 古代的火箭　　　　　　　　　　　　　　　　　图1-20 现代的火箭

（5）走马灯

走马灯（图1-21）是中国传统玩具之一。早在公元1000年左右，中国就发明了走马灯。走马灯内点上蜡烛，使空气加热并向上流动，气流吹动走马灯里面的叶轮旋转从而带动轮轴转动。轮轴上有剪纸，烛光将剪纸的影像投射在屏上，使得图像不断走动。因多在灯的各个面上绘制古代武将骑马的图画，而灯转动时看起来好像几个人你追我赶一样，故名走马灯。而正是这种再平常不过的玩具，却揭示了现代燃气涡轮发动机的工作原理（图1-22）。走马灯中上升的热气带动叶轮旋转，这正是现代燃气涡轮发动机工作原理的原始应用。

叶片

蜡烛燃烧产生的热气

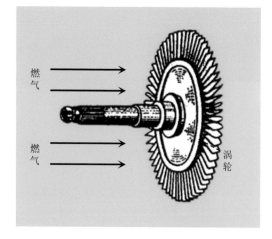

燃气

燃气

涡轮

图 1-21 走马灯内部结构示意图

图 1-22 现代燃气涡轮发动机涡轮工作原理

■ 1.1.2 伟大的飞行

　　人类的首次有动力飞行至今已经有 100 多年了。可以说飞行已经成为人类社会的一项不可或缺的活动。在这些飞行中，有一些是具有开拓性的历史意义的，其成功肯定了人类的努力，也极大地促进了科技的进一步发展。在众多的飞行中，航空史学家归纳了十次具有历史性意义的伟大飞行，每一次伟大的飞行都具有一定的代表性，是航空发展的重要里程碑。

1.1.2.1 人类首次有动力飞行（1903 年）

　　第一次伟大的飞行自然是莱特兄弟（图 1-23）于 1903 年完成的人类首次有动力、载人、持续、稳定、可操纵的成功飞行。

　　翱翔蓝天是人类一直追求的梦想，在莱特兄弟的成功壮举之前，很多先驱者付出了多年坚持不懈的努力，甚至是自己的生命，但是基本上都以失败告终。终于在 1903 年 12 月 17 日，莱特兄弟发明的世界上第一架带动力载人飞机飞上了蓝天，当天的飞行留空时间仅仅 59 秒，飞行距离只有 260 米。

　　莱特兄弟的伟大成就得益于他们从小就着迷于机械和飞行，从 1896 年开始，他们就一直热心于飞行研究。通过多次研究和实验，积累了许多翼型数据并设计出性能优良的螺旋桨。通过不懈的努力，终于在 1903 年制造

图 1-23 飞机的发明者莱特兄弟（美国）

出了"飞行者"1号。该飞机翼展为13.2米，通过链条传动驱动两副两叶推进螺旋桨，采用滑橇式起落架，装有一台四缸发动机。这架名留航空史的飞机，现在陈列在美国华盛顿航空航天博物馆内（图1-24）。

图1-24 收藏于博物馆的"飞行者"1号（美国）

莱特兄弟的第一次飞行，虽然飞行时间只有几十秒，飞行距离只有几百米，离地高度也只有几米，但他们的探索精神却永远值得人们学习，其成功一直激励着后人对航空航天的持续探索。莱特兄弟的壮举，让人类开始漫步于天空，继而遨游于天宇。

1.1.2.2 第一架全金属客机首飞（1915年）

莱特兄弟发明飞机以后直到20世纪20年代，飞机大多数采用木质结构。但由于木材力学性能的局限，飞机很难做得更大、飞得更快。铝合金具有较高的力学性能，适于制造飞机的构件。铝合金的出现引起了飞机结构设计的革命性变化。

图1-25 大型客机之母——Junkers F-13（德国）

　　德国著名飞机设计师容克斯敏锐地看到金属材料的使用前景，1915年12月12日，他设计的世界第一架无支柱悬臂式全金属单座飞机J1首次试飞，该机装一台120马力的发动机，但是没有投入批量生产。

　　第一次世界大战后，容克斯从事民用运输机的研制，制成了世界第一架全金属封闭式客机"Junkers F-13"（图1-25），于1919年6月25日首飞成功。该机可载客4人，驾驶员2人，巡航速度每小时140千米，可飞行5个小时。该机共生产322架，广泛使用到20世纪30年代初。

图1-26　容克斯研制的三发旅客机Ju52（德国）

　　1932年，容克斯在F-13飞机的基础上又推出了大型三发旅客机Ju52（图1-26），该机共生产4000架，在世界各国广泛使用。容克斯宣告了飞机从木质结构跨进了全金属时代。

图1-27　飞行英雄林白与"圣路易斯精神"号飞机（美国）

1.1.2.3 林白单人飞越大西洋（1927年）

20世纪20年代，飞机虽然取得了很多的进步，但长距离和长时间的跨大洋飞行对于航空工程师来说依旧是很大的挑战。1927年5月，世界航空史上发生了一件盛事，美国飞行员林白单人驾驶飞机成功地从纽约飞抵巴黎，成为轰动世界的新闻。

林白驾驶的"圣路易斯精神"号（图1-27）飞机由瑞安公司的M-Z型邮政飞机改装而成。为了最大限度地减轻重量，飞行员孤注一掷地拆除了很多必要的设备，包括发报机、夜航设备、食品柜甚至降落伞等，仅携带5个三明治和3瓶水用来维系生命。经过33小时30分29.8秒的空中飞行，飞越5810千米，跨越大西洋，终于从美国东海岸纽约单人不着陆直飞法国巴黎，创造了当时很多人认为不可能的奇迹，为日后的跨洋旅行，乃至环球旅行开辟了先河，也唤起了公众对航空的极大热情。

图1-28 FW61直升机做室内飞行表演（德国）　　　图1-29 西科斯基试飞VS300（美国）

1.1.2.4 第一架实用直升机首飞（1939年）

世界上公认的第一架载人直升机FW61（图1-28）是德国直升机设计师福克于1936年发明的。但是，第一架实用直升机则是由西科斯基完成的（图1-29）。1939年9月14日，西科斯基这位被称为现代直升机之父的著名飞机设计师驾驶自己设计的VS300直升机进行了首飞，首次飞行离地只有二三米，悬停也不过10秒，但是获得了成功。

1940年，美国陆军决定大量订购VS300直升机的改进型VS316，从此直升机进入军队服役。1940年5月6日，51岁的西科斯基还驾驶VS300直升机创造了续航时间1小时32分26秒的世界纪录。

西科斯基是美国飞机设计师，被称为直升机之父。他生于俄国基辅，30岁时到美国，后组建西科斯基飞机公司，该公司现在是世界上最大的直升机公司。

1.1.2.5 第一架喷气式飞机首飞（1939 年）

提高飞行速度往往是研制新飞机所追逐的目标。到了 20 世纪 30 年代，飞机的最大速度仅徘徊在 700 千米 / 小时左右，几乎是采用活塞式发动机 / 螺旋桨系统的飞机的速度极限。

德国奥海姆［图 1-30（b）］和英国惠特尔［图 1-30（a）］分别在自己的国家独立发明了喷气式发动机，使飞机采用喷气式发动机替代之前通常使用的活塞式发动机 / 螺旋桨系统成为可能。

1937 年 9 月，26 岁的奥海姆成功研制了第一台喷气式发动机。1939 年 8 月 27 日，

图 1-30（a） 喷气式发动机发明人惠特尔（英国）　　图 1-30（b） 喷气式发动机发明人奥海姆（德国）

图 1-31 世界上第一架喷气式飞机——德国的 He-178　　图 1-32 奥海姆研制的 HeS3B 涡轮喷气发动机（德国）

世界上第一架喷气式飞机——德国 He-178（图 1-31）成功首飞。He-178 采用一台奥海姆设计的涡轮喷气发动机 HeS3B（图 1-32）作为动力，当时的飞行速度达到 700 千米 / 小时。

第二次世界大战结束后，喷气式发动机迅速发展，飞行速度越来越快，航空技术发生了质的飞跃，不仅军用飞机面貌一新，在民用飞机领域也催生了喷气式客机，使现代民航运输业发生重大转折，喷气时代真正到来。

1.1.2.6 耶格尔突破音障（1947 年）

喷气式飞机的诞生使得飞机的飞行速度大大提高了，但飞行速度要超过声速（有时称为音速）依旧是巨大的挑战，故超过声速称为突破音障。1947 年 10 月 14 日，美国飞行员耶格尔上尉驾驶 X-1 火箭研究机进行第 9 次动力飞行，成功突破音障。

当时，一架 B-29 轰炸机携带 X-1 火箭研究机升至 6000 米高空后投下 X-1 火箭研究机（图 1-33），耶格尔按程序启动了 4 个燃烧室，飞机飞行速度达到 0.88 倍声速，飞机开始大幅度振动，耶格尔随即关掉 2 个燃烧室，下降到 2800 米高空时，耶格尔使飞机平飞，又打开第 3 个燃烧室，飞机又加速，此时飞行速度表显示飞机的速度已经超过声速。这时空中传来了像打雷一样的巨响，这就是音爆。人类终于成功突破音障。

图 1-33 美国 X-1 火箭研究机（左）与 B-29 轰炸机（右）

飞机速度接近声速时，空气阻力会急剧增大，这种阻力是实现超声速飞行的重大障碍。飞机发明以来 44 年间，人类还未能突破这一重大障碍，耶格尔（图 1-34）

的这次壮举为人类进入超声速时代铺平了道路。他因这次突破音障而被载入史册：获得了杜鲁门总统颁发的美国科技成就最高奖——科利尔奖，并获得了国际航空联合会颁发的纯金奖章。

图 1-34 美国飞行英雄耶格尔

1.1.2.7 喷气客机首航伦敦至罗马（1952 年）

1952 年 5 月 2 日，英国飞机设计师德·哈维兰设计的"彗星"号喷气式客机（图 1-35）从伦敦起飞，两小时后抵达罗马，正式投入商业航线首航，引起巨大轰动，在军用飞机跨进喷气时代之后，"彗星"号揭开了人类民航喷气客运的新时代。

图 1-35 英国"彗星"号喷气式客机

此前，民航客机都安装活塞式发动机，最大飞行速度约为每小时 700 千米，而"彗星"号客机的巡航速度（长时间飞行的速度）就达到了每小时 788 千米，明显缩短了飞行时间。"彗星"号采用了密封座舱，在 1 万米以上的平流层飞行，不仅可以鸟瞰美丽的景色，其平稳舒适也是前所未有的。

继"彗星"之后，苏联、法国和美国也先后推出了自己的喷气客机。苏联图波列夫设计局于 1955 年 6 月首次试飞了图 -104 客机，该机成为苏联 20 世纪 50 年代主力民航客机。真正使喷气客机得到广泛应用的是美国波音公司的 707 客机，它的技术优势在于每个细节都很成功，从而形成了综合技术优势。

图波列夫设计局是由苏联著名飞机设计师、科学院院士、空军中将图波列夫［图 1-36（a）］创办的，他设计过百余种飞机，涉及运输机、歼击机、轰炸机、强击机、侦察机和水上飞机等，其中 70 多种投入了批量生产。图波列夫还是一位杰出的教育家，不仅将儿子培养成几乎与他齐名的设计大师，还培养了包括苏霍伊在内的大批优秀航空设计人才。

图 1-36（a） 著名飞机设计师图波列夫（苏联）　图 1-36 （b） 波音公司创始人波音（美国）

波音公司由波音［图 1-36（b）］创立，是世界上最成功的飞机制造公司。

1.1.2.8 阿普特突破热障（1956 年）

飞机突破声速后，如果飞行速度进一步提高，气动加热会使飞机的温度升高；飞机在 3 倍声速以上飞行时，采用铝合金结构的飞机已经无法耐受气动加热产生的高温；气动加热成为飞机速度进一步提高的障碍，称为热障。

1956 年 9 月 27 日，美国空军飞行员阿普特上尉驾驶贝尔 X-2 火箭研究机（图 1-37），突破了"热障"，把飞行速度提高到从来没有过的 3.2 倍声速。然而，阿普特创造世界纪录之日，也是他献身航空之时，他在成功突破"热障"的返航途中献出了自己宝贵的生命。

图 1-37 美国 B-29 轰炸机投放贝尔 X-2 火箭研究机瞬间

热障是因飞行速度增高而引起飞机表面加热造成的障碍，会导致飞机材料力学性能下降，从而使结构强度与刚度降低，引发灾难性破坏。通常，飞机速度超过 2.2 倍声速时就必须考虑采取防热措施。

1.1.2.9 超声速客机首飞（1968 年）

在战斗机已经实现了超声速以及更高速度飞行后，人们开始关注超声速客机，全世界各国开始探索研制超声速客机。20 世纪 60 年代，两个日子被载入世界航空史册：1968 年 12 月 31 日和 1969 年 3 月 2 日，超声速客机图 -144（图 1-38）和"协和"号（图 1-39）分别进行了首飞并取得成功。巧合的是，两架超声速客机，除了研制、试飞的时间接近，外形性能也极为相似，巡航速度也都在 2.0 ～ 2.35 倍声速。

"协和"号飞行成功后，投入了商业飞行，并运行 30 多年，但最终由于事故频发和维护费用高昂而被迫退出飞行。图 -144 则没有投入正式运营。

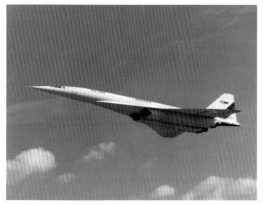

图 1-38 苏联的图 -144 超声速客机

图 1-39 众多爱好者围观"协和"号
超声速客机的谢幕飞行

1.1.2.10 20 世纪世界最大的宽体客机首航（1970 年）

1969 年 2 月 9 日，航空史上一代传奇"波音 -747"首飞成功，开创了民航的宽机身时代。1970 年 1 月 22 日，泛美航空公司首次使用宽体客机波音 -747（图 1-40），载客 324 名，从纽约首航伦敦，历时 6 小时 10 分钟，开启了宽体喷气运输时代。

1964 年，美国空军招标，发展大型军用运输机 C5A。波音公司的方案由于耗费过高而被淘汰，而后，波音决定利用这一技术发展大型宽体客机，并得到了泛美航空公司的支持。波音 -747 项目是一场世纪冒险，宽体客机是飞机设计的一次革命，其基本型的机身接近 7 米宽，一排 10 个座位，双通道，最大载客量达 490 人。

自波音 -747 投入航线运营以来，宽体客机已经成为洲际旅行的首选，波音公司

也成为该领域不折不扣的霸主。此后，欧洲空中客车公司成功研制新一代巨型客机A-380（图1-41），最多可乘坐800多人，成为现在运营当中世界上最大的新一代宽体客机。

图1-40 首架波音-747客机组装完毕后各航空公司空姐留影

图1-41 新一代空中巨无霸空中客车A-380宽体客机

1.2 航空器的分类

　　航空是指载人或不载人的飞行器在地球大气层内的航行活动。航天是指载人或不载人的飞行器在大气层外空间（太空）的航行活动。在地球大气层内、大气层外空间飞行的器械统称为飞行器。按照飞行器的飞行环境和工作方式的不同，可以把飞行器分为三类：航空器、航天器、火箭和导弹。航空器是指在大气中飞行的飞行器。航天器是指主要在地球大气层以外的宇宙空间，基本上按照天体力学规律运动的各类飞行器，又称空间飞行器。火箭和导弹是一类特殊的飞行器，它们均可在大气层内和大气层外飞行，但都只能使用一次。在我国通常将火箭和导弹划为航天器。

　　随着航空航天科学技术的发展，有时候也很难界定航空器和航天器，两者在相互渗透和借鉴；比如近年来出现的临近空间飞行器，其飞行高度在25千米至100千米之间，它的飞行既受到空气动力的影响，在飞行高度很高时又有航天器轨道飞行的特点。

1.2.1 参照空气重量的航空器分类

　　任何航空器要升到空中，都必须产生一个能克服自身重力的向上的力，这个力叫作升力。另外，航空器在空中的飞行还必须具备动力装置产生推力或拉力来克服前进的阻力。根据产生升力的基本原理不同，航空器分为轻于（或等于）同体积空气的航空器和重于同体积空气的航空器两大类。前者靠空气的静浮力升空，又称浮空器；后者靠与空气相对运动产生升力升空。按照不同的构造特点，航空器还可进一步细分，如图1-42所示。

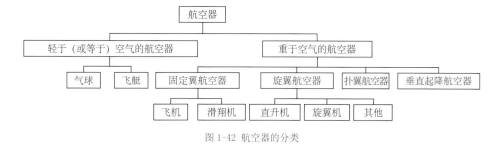

图1-42 航空器的分类

1.2.1.1 轻于（或等于）空气的航空器

轻于（或等于）空气的航空器包括气球和飞艇，它们先于飞机出现。

（1）气球

气球一般无推进装置，主体为气囊，下面通常有吊篮或吊舱（图1-43）。按照气囊内所充气体的种类，可分为热气球、氢气球和氦气球三种。

（2）飞艇

飞艇安装有推进装置，并可控制飞行（图1-44）。根据结构形式，可分为软式、硬式和半硬式三种。飞艇与气球的最本质区别就是飞艇带有动力和操纵舵面，可按照预定的飞行方向飞行；而气球由于没有动力装置和操纵舵面，在水平方向只能随风飘移，但在垂直方向上可以通过调节浮力的大小或改变质量的大小进行升降。

图1-43 热气球

图1-44 飞艇

1.2.1.2 重于空气的航空器

重于空气的航空器靠自身与空气的相对运动产生升力升空飞行。常见的这类航空器主要有固定翼和旋翼两类，另外还有像鸟一样飞行的扑翼航空器以及能够垂直起降的垂直起降航空器。

（1）固定翼航空器

固定翼航空器包括飞机（图1-45）和滑翔机（图1-46）。

图1-45 飞机　　　　　　　　　　　　　　　　图1-46 滑翔机

飞机是指由动力装置产生前进推力或拉力，由固定机翼产生升力，在大气层内飞行的重于空气的航空器。滑翔机是指没有动力装置的重于空气的固定翼航空器。

滑翔机可由飞机拖曳起飞，也可用汽车等其他装置牵引起飞。部分动力滑翔机装有小型辅助发动机，无需外力牵引就可自行起飞，但滑翔时必须关闭动力装置。飞机和滑翔机最本质的差别在于大部分飞行时间内是否依靠动力装置。实际上，在莱特兄弟发明飞机之前，人类就已经发明了滑翔机，并为飞机的发明奠定了空气动力学和飞行操纵等方面的基础。

（2）旋翼航空器

旋翼航空器包括直升机（图1-47）和旋翼机（图1-48）及其他各种特殊形式的旋翼航空器。

图1-47 直升机　　　　　　　　　　　　　　　　图1-48 旋翼机

直升机是指以航空发动机驱动旋翼旋转作为升力和推进力来源，能在空气中垂直起降及悬停并能进行前飞、后飞、侧飞、悬停回转等可控飞行的重于空气的航空器。

直升机和飞机的最本质区别在于，直升机能够依靠旋翼垂直起降，对起降场地的依赖性很小；而通常意义上的飞机则只能水平起降，对起降场地的依赖性很大。相对于飞机，直升机飞行速度慢、振动大。

旋翼机是一种利用前飞时的相对气流吹动旋翼自转以产生升力的旋翼航空器，全称自转旋翼机。旋翼机和直升机在外形上有些相似，但它的旋翼不是由动力装置驱动，而是前进时在空气动力作用下像风车那样靠相对气流吹动旋翼自行旋转，产生升力。旋翼机无需安装尾桨。

旋翼机的前进动力由动力装置直接提供，它不能像直升机那样垂直上升，也不能悬停，必须像飞机一样滑跑加速才能起飞。虽然现在部分型号的旋翼机可以用离合器在起飞时供应动力给主旋翼（称为预旋）使其短暂变成直升机，但还是需要一小段距离的起飞跑道，起飞之后旋翼依然需要靠空气作用力驱动。为了保证旋翼机在水平飞行时的俯仰安定性和航向安定性，旋翼机往往还需在尾部安装垂直尾翼和水平尾翼。

旋翼机飞行时由于旋翼旋转会产生较大的阻力，飞行速度较慢。但旋翼机飞行安全性好，尺寸小，不会出现严重的失速现象（即升力突然下降的现象），即便出现空中发动机"停车"故障也可以自旋降落（旋翼在相对气流的作用下自行旋转，产生升力抵消部分重力，减小旋翼航空器的垂直下降速度）。自旋降落是大部分旋翼航空器独有的安全特性。相对于直升机来说，旋翼机结构较简单，一般用于风景区游览或体育活动。

除直升机、旋翼机之外，还有一些设计独特的特殊形式的旋翼航空器，如图1-49所示的多旋翼航空器（有三个以上旋翼），及如图1-50和图1-51所示的特殊形式的旋翼航空器等。这些航空器虽然也靠旋翼产生升力，但是稳定和操纵方式与直升机、旋翼机有所不同。这些特殊形式的旋翼航空器有可能还是未来旋翼航空器的发展方向。相关的详细介绍，请读者参阅有关资料，这里不作展开。

图 1-49 载人多旋翼航空器

图 1-50 特殊形式的旋翼航空器（一）

图 1-51 特殊形式的旋翼航空器（二）

（3）扑翼航空器

扑翼航空器是指能像鸟儿和昆虫上下扑动翅膀那样的重于空气的航空器（图1-52），又称扑翼机、振翼机。扑动的机翼不仅产生升力，而且产生向前的推进力。

（4）垂直起降航空器

垂直起降航空器是指既能够像直升机一样垂直起降和空中悬停，又能够像飞机一样水平飞行的航空器。因此，垂直起降航空器既有机翼能在水平飞行时产生升力，又有旋翼或螺旋桨在垂直起降和空中悬停时产生升力。倾转旋翼机是一种典型的垂直起降航空器。现在世界上唯一有实用价值的载人倾转旋翼机为美国贝尔公司研制V-22（又称鱼鹰，图1-53）。关于各种形式的垂直起降航空器，将在后面介绍。

图1-52 像鸟儿一样飞行的扑翼机

图1-53 V-22（鱼鹰）倾转旋翼机

■ 1.2.2 按用途差别的飞机分类

通过前面的介绍，大家已经接触到了各式各样的飞机了，那么如何对众多的飞机进行分类以便于了解、熟悉和辨认它们呢？飞机有多种分类方法，按照其执行任务的不同，可以将飞机分成以下一些类型。

1.2.2.1 军用飞机

（1）歼击机（战斗机）

如图1-54所示，歼击机是用于歼灭敌方飞机和飞航式空袭兵器的飞机，亦称战斗机，具有火力强、速度快、机动性好等特点，是航空兵空中作战的主要机种，也可用于执行对地攻击任务。

（2）强击机（攻击机）

如图1-55所示，强击机是用于从低空、超低空突击地面、水面目标，支援陆军、海军作战的飞机，也称攻击机，具有良好的低空操纵性、稳定性和搜索地面目标的能力。有的强击机为提高生存能力，其要害部位（座舱、发动机、油箱等）还带有装甲防护。强击机用来突击地面目标的武器有：航炮、普通炸弹、制导航空炸弹、反坦克集束炸弹和空对地导弹等。

图 1-54 中国的歼-10A 战斗机

图 1-55 美国的 A-10 攻击机

（3）轰炸机

如图1-56所示，轰炸机是用于对地面、水面目标进行轰炸的飞机，具有突击力强、航程远、载弹量大等特点，是航空兵实施空中突击的主要机种。轰炸机有多种分类：按执行任务范围分为战略轰炸机和战术轰炸机；按载弹量分为重型（10吨以上）、中型（5～10吨）和轻型（3～5吨）轰炸机；按航程分为近程（3000千米以下）、中程（3000～8000千米）和远程（8000千米以上）轰炸机。

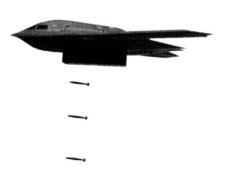

图 1-56 美国的 B-2 轰炸机

图 1-57 中国的"飞豹"歼击轰炸机

（4）歼击轰炸机

如图1-57所示，歼击轰炸机是用于突击敌战役和战术纵深处地面或水面目标的飞机，亦称战斗轰炸机，具有低空突防性能好、对地攻击火力强的特点，能在各种气象条件下执行对地攻击任务。歼击轰炸机飞行速度快，常具有超声速飞行能力。

（5）侦察机

如图 1-58 和图 1-59 所示，侦察机是专门用于从空中获取情报的军用飞机，是现代战争中主要侦察工具之一。侦察机按执行任务范围可分为战略侦察机和战术侦察机。战略侦察机航程远，能深入敌后对重要目标实施战略侦察。战术侦察机具有低空高速飞行性能，用以获取战役战术情报。侦察机上装有各种侦察设备，如航空照相机、雷达、电视和红外侦察设备等，有的还装有实时情报处理设备与传递装置。

图 1-58 美国的 SR-71 侦察机　　　　　　图 1-59 美国的"全球鹰"无人侦察机

（6）预警机

如图 1-60 所示，预警机用于搜索和监视空中、地面或海上目标，主要指挥引导己方飞机执行作战飞行任务。机上装有雷达和电子侦察设备，起飞后能大大增加雷达的搜索范围和探测距离，增长预警时间，在现代战争中具有重要作用。

（7）电子对抗飞机

如图 1-61 所示，电子对抗飞机是用于对敌方雷达、电子制导系统和无线电通信设备实施电子侦察、干扰和攻击作战的飞机，通常包括电子侦察飞机、电子干扰飞机和反雷达飞机。电子对抗飞机通常用其他军用飞机改装而成，在现代战争中得到广泛运用，发挥了重大作用。

图 1-60 参加国庆六十周年阅兵的　　　　图 1-61 美国的 EF-111 电子
空警 -2000 预警机（排头）　　　　　　　　　对抗飞机

（8）空中加油机

如图 1-62 和图 1-63 所示，空中加油机是专门给正在飞行中的飞机和直升机补加燃料的飞机，使受油机增大航程，延长续航时间，增加有效载重，提高远程作战能力。空中加油机多由大型运输机或战略轰炸机改装而成，加油设备大多装在机身尾部或机翼下吊舱内，由飞行员或加油员操纵。

图 1-62 美国 KC-10 空中加油机（上）正在给 F-22
战斗机（下）空中加油

图 1-63 空中加油机正在给直升机加油

（9）军用运输机

如图 1-64 所示，军用运输机是用于运送军事人员、武器装备和其他军用物资的飞机，具有较大的载重量和续航能力，能实施空运、空降和空投，保障地面部队从空中实施快速机动。军用运输机分为战略运输机和战术运输机。战略运输机起飞重量 150 吨以上，用于在全球范围载运部队和各种重型装备；战术运输机起飞重量一般不到 100 吨，用于战役战术范围内执行空运、空降和空投任务。

图 1-64 美国的 C-17 军用运输机

（10）教练机

如图 1-65 所示，教练机是为训练飞行人员，专门研制或改装的飞机。训练飞行员的教练机设有前后 2 个座舱或在 1 个座舱里并排设 2 个座椅，有 2 套互相联动的操纵机构和指示仪表，分别供教员和学员使用。教练机通常分为初级训练教练机、中级训练教练机和高级训练教练机三种。

图 1-65 中国的 L-15 高级教练机

（11）舰载机

如图 1-66 所示，舰载机是以航空母舰或其他舰船为起降基地的军用飞机。按用途可分为舰载歼击机、舰载强击机、舰载反潜机、舰载侦察机和预警机等。它们的主要任务是为舰队护航，夺取海上或海岸制空权、制海权，攻击敌方舰队和陆上目标，支援登陆和抗登陆作战等。

（12）反潜机

如图 1-67 所示，反潜机是载有搜索、攻击潜艇用的装备和武器的军用飞机或其他航空器。反潜机一般具有低空性能好和续航时间长等特点，能在短时间内对宽阔水域进行反潜作战。反潜机有岸基反潜飞机、舰载反潜飞机和水上反潜飞机三种。现代机载搜索潜艇的设备有声呐设备、磁控仪、反潜雷达、红外探测仪、废气探测仪、核辐射探测仪、光电设备和侧视雷达等。

图 1-66 美国的 EA-6B 舰载机

图 1-67 美国的 P-3C 反潜机

1.2.2.2 民用飞机

（1）旅客机

如图 1-68 所示，旅客机（简称客机）用于运载旅客和邮件等，连接国内外各城市与地区。旅客机可按大小和航程进一步分为：洲际航线上使用的远程（大型）旅客机；国内干线上使用的中程（中型）旅客机；地方航线（支线）上使用的近程（轻型）旅客机。目前各国使用的旅客机大多是亚声速飞机。英国和法国联合研制的"协和"号旅客机，是世界上仅有的投入商业运营的超声速客机，但后来由于运行成本太高加之安全系数下降而退出历史舞台，至今还没有其他超声速客机替代"协和"号。

（2）货机

如图 1-69 所示，货机用于运送货物，一般载重量大，有较大的舱门，或机身可转折，便于装卸货物。货机修理维护简易，可在复杂气候下飞行。

图 1-68 欧洲的空客 A-380 旅客机   图 1-69 欧洲的空客 A -300-600ST "大白鲸"运输机

（3）民用教练机

如图 1-70 所示，民用教练机用于训练民航飞行人员，一般可分为初级教练机和高级教练机。

（4）农业机、林业机

如图 1-71 所示，农业机和林业机用于农业喷药、施肥、播种、森林巡逻、灭火等。大部分为轻型飞机。

图 1-70 俄罗斯的雅克 -52 教练机   图 1-71 美国"空中卡车"农业机正进行喷洒

（5）体育运动机

如图1-72所示，体育运动机用于航空体育运动，如运动跳伞等，也可作机动飞行。

（6）多用途轻型飞机

如图1-73所示，多用途轻型飞机种类与用途繁多，如用于地质勘探、航空摄影、空中游览、紧急救护、短途运输等。

图1-72 俄罗斯的苏-26运动机   图1-73 美国的赛斯纳多用途轻型飞机

1.2.3 按用途差别的直升机分类

1.2.3.1 军用直升机

直升机在军事上具有广泛的用途，担负着现代战争中的多种使命。这些使命概括地可分为三类：①直接对敌作战，执行武装攻击任务；②实施空中机动，执行战场运输使命；③担负多种战斗勤务和保障任务。因此，根据所执行的任务不同，军用直升机也可以分为武装直升机、运输直升机、战勤直升机，三者之间密切协同、相互支援。

（1）武装直升机

武装直升机是军用直升机行列中一种名副其实的攻击性武器装备，因此也被称为攻击直升机（图1-74）。它的问世使得军用直升机从战场后勤的二线走到战斗前沿，由不具备攻击力的"和平鸽"成为树梢高度博击猎物的"雄鹰"。作为一种武器装备，武装直升机实质上是一种超低空火力平台，其强大的火力与特殊机动能力的有机结合，可有效地对各种地面目标和超低空目标实施精确打击，在现代战争中

图1-74 现代武装直升机——美国的
"阿帕奇"

具有不可取代的地位和作用。

武装直升机在战术使用中有多种特点：①可携带多种武器、攻击多种目标；②载弹量大、攻击火力强；③不受地形限制、机动性好；④隐蔽性好、突袭性强；⑤视野开阔、具有良好的侦察能力；⑥反应迅速、便于和多军兵种协同作战。

由于武装直升机所具有的上述特点，在多次局部战争中显示出其巨大优势，发挥了重要作用，被人们称为"超低空的空中杀手""树梢高度的威慑力量"，其主要用途包括：①反坦克及装甲目标；②近距离火力支援；③为运输和战勤直升机实施安全护卫；④争夺超低空制空权；⑤攻击海上目标。

（2）运输直升机

现代战争中，运输直升机承担重要的战术运输任务，特别是搭载作战部队，实施战场机动和机降作战任务（图 1-75）。直升机最初在战场上以辅助的运输和救护角色出现。经过几十年来直升机技术的发展和战争的考验，运输直升机的运输能力、航程，各国军用运输直升机的数量，都有了很大的发展。当今世界军用直升机3万多架，其中运输直升机约占40%，对现代战争的形态、模式产生了很大的影响。

图 1-75 运输直升机用于机降部队

运输直升机在战术使用中有多种特点：①不受地面条件的限制，可准确地将作战人员和物资输送到预定地点；②能快速有效地完成运输任务；③可与地面部队密切协同，有利于战斗任务的完成；④战斗行动隐蔽，便于发起突袭和保存自己。

运输直升机的这些特点使其在现代战争中广泛应用，几乎哪里有战争，哪里就有运输直升机。运输直升机在战斗中可承担的运输任务包括：①机降部队（图1-75）；②运输作战物资（图1-76）；③后勤支援运输。

图1-76 运输直升机用于装备运输

（3）战勤直升机

战勤直升机用于各种战斗勤务，包括：侦察、通信、指挥、校射、电子对抗、布雷、扫雷（图1-77）、救援（图1-78）等。这类直升机可以是一机多用，例如同时承担侦察和通信联络，甚至是侦察和攻击任务同机兼任；也可以是专门用途，如专用电子对抗。

图1-77 战勤直升机用于扫雷

图1-78 战勤直升机用于救援

战勤直升机具有以下几方面的特点：①装备执行任务的特种设备，使之具有完成所负任务的良好功能；②利用直升机的飞行特点，充分发挥所装载设备的效能，快速、准确和有效地完成使命；③在武装直升机的保护下作业；④与地面和空中友邻部队密切协同。

1.2.3.2　民用直升机

民用直升机往往不容易进行细化分类，这里根据应用领域的不同对民用直升机进行介绍。

（1）在油气田开发中的应用

石油天然气的开发大大促进了民用直升机的发展。由于石油勘探和开采向海上、沙漠等人类难以到达的地区发展，从而使得具有特殊飞行性能和多种用途的直升机，在运送人员、物资和设备等方面成为勘探开采油气矿藏必不可少的工具。油气田开发业已成为除军事领域外最大的直升机应用领域（图 1-79）。

图 1-79　直升机在海上油气田开发中的使用

墨西哥湾油田、北海油田、阿拉斯加油田，曾经是主要应用直升机的三大海上油田。以墨西哥湾油田为例，由于油田距离岸边约 200 千米，1980 年在这里有 1200 个海上钻井平台，每天有 600 多架直升机运送 5000 多人往返海上钻井平台和大陆之间。北海油田当时是欧洲的主要海上油田，1970 ～ 1980 年的 10 年间有 1000 万人次乘坐直升机往返海上平台，每天直升机平均起降 2000 次。

（2）在公共事业中的应用

随着直升机在人类社会生活各方面日益广泛的运用，其在抢险救援（图1-80）、医疗救护（图1-81）、公安执法（图1-82）、交通管理、缉私扫毒、消防救火（图1-83）等公共事务中的卓越表现越来越受到公众的注意。在发达国家中，直升机在公共事务中的应用，已经成为民用直升机应用的又一个热点。

图1-80 直升机用于汶川地震救灾

图1-81 直升机用于医疗救护

图1-82 直升机用于公安执法

图1-83 直升机用于消防救火

（3）各种作业形式

民用直升机在实际使用中的作业形式包括：空中吊运（图1-84）、管线巡检（图1-85）、农林喷洒（图1-86）、空中拍摄、渔业应用、船舶补给、灯塔维修、环保监测、生态保护、地理探测、体育运动、载客飞行（短途航班或空中观光，图1-87）、救援（图1-88）等。

图1-84 直升机用于空中吊运

图 1-86 直升机用于农林喷洒

图 1-85 直升机用于高压线巡检　图 1-87 直升机用于观光游览　图 1-88 直升机用于救援

■ 1.2.4 形形色色的垂直起降航空器

垂直起降航空器的设计理念最初在第二次世界大战后期由德国人提出。当时，为了满足战时需要，德国设计师曾设计出多种有人驾驶垂直起降航空器方案，有些已经接近成功，但随着战争的结束，这些方案还未来得及应用就被搁置了。后来，美国、加拿大和欧洲一些国家也掀起了研制垂直起降战斗机的热潮，但大多数都由于动力匹配和起降安全等关键问题未解决而被迫放弃。

时至今日，垂直起降航空器研发已经过 60 个年头，出现了各式各样的垂直起降航空器，但由于机理复杂、设计和控制困难，最终投入使用的寥寥无几。得益于无人机不必考虑空乘人员生命安全和生理极限等方面的特点，近年来，垂直起降技术在无人机上得到了较为广泛的应用，这也大大拓宽了无人机的应用范围。

目前，常见的垂直起降航空器主要有以下几种。

（1）倾转旋翼模式

倾转旋翼机是一种同时具有旋翼和固定翼，并在机翼两侧翼梢处各装一套可在水平与垂直位置之间转换的旋翼倾转系统组件的飞机。旋翼倾转系统处于垂直位置时，倾转旋翼机相当于横列式直升机，可垂直起降，并能完成直升机的其他飞行动作；旋翼倾转系统处于水平位置时，倾转旋翼机则相当于飞机。这样大大提高了起降性能、飞行速度。倾转旋翼机典型的代表为美国贝尔公司研制的"鱼鹰"（图 1-53），以及在此基础上发展出来的倾转旋翼无人机"鹰眼"（图 1-89）。

（2）倾转机翼模式

倾转机翼垂直起降航空器的起降模式与倾转旋翼航空器相似，不同之处是将旋翼连同机翼一起偏转（图1-90）。在有人机方面，该方案曾有人试验成功，但后来却未得到发展；在无人机方面，采用该方案的成功案例还不多见。

图 1-89 "鹰眼" 倾转旋翼式垂直起降航空器

图 1-90 倾转机翼式垂直起降航空器

（3）倾转涵道模式

倾转涵道垂直起降航空器与倾转旋翼垂直起降航空器相类似，所不同的只是将旋翼换成涵道。最典型的倾转涵道垂直起降航空器有贝尔X-22（图1-91）。

图 1-91 贝尔 X-22 倾转涵道式垂直起降航空器

（4）倾转机身模式

倾转机身航空器在起飞和降落时，将机身进行倾转，使其轴线和地面成一定夹角，这时机翼的安装角发生较大变化，但迎角不变；这样安装在机身上的发动机既可以提供向前的推力，又可以提供向上的部分升力，从而降低起飞和着陆滑跑距离。这其中最具有代表性的方案要算"蝎子"短距起降无人机（图1-92），该航空器在环境监测等领域具有很好的应用前景。但遗憾的是，该设计方案目前还无法实现垂直起降，在一定程度上限制了其使用范围。

图 1-92 "蝎子" 倾转机身式航空器

（5）尾坐模式

尾坐式垂直起降航空器采用机尾坐地模式垂直起飞，达到一定高度后转入平飞。降落时，先爬升并机头向上，随后减小垂直推力垂直降落。该方案的典型代表有"金眼"（图1-93）、"海蝙蝠"等

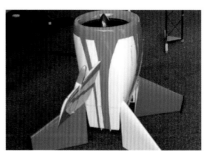

图 1-93 "金眼" 尾坐式垂直起降航空器

无人机。

（6）旋翼／机翼转换模式

该类型垂直起降航空器，其旋翼采用短翼展、宽翼弦对称翼型，当旋翼旋转时能以双桨叶直升机模式飞行，当旋翼锁定时能以飞机模式飞行。目前，比较著名的无人机仅有"蜻蜓"X-50无人机（图1-94）采用该方案，且还在试验当中。

（a）垂直起降状态　　　　　　　　　　　（b）水平飞行状态

图1-94 "蜻蜓"旋翼／机翼转换式垂直起降航空器

（7）升力风扇／螺旋桨混合模式

升力风扇／螺旋桨混合模式垂直起降航空器，在起降时使用位于中央的升力风扇平衡重力，在前飞时使用尾部的螺旋桨作动力，并靠机翼产生升力（图1-95）。

上述各种垂直起降航空器方案，各有优缺点，分别适用于不同的场合，近年来有不少较为成功的案例。但由于技术复杂，尤其是可靠性仍然是个非常严峻的问题，有关的研究工作仍在不断地深入进行中。

图1-95 升力风扇／螺旋桨混合式垂直
起降航空器

以上列出的垂直起降航空器，主要是以旋翼或螺旋桨提供垂直起飞和降落时的升力的，还有一些飞机使用喷气式发动机产生的高速喷出气流向下喷射或驱动升力风扇向下吹气使得飞机实现垂直起降，如英国的"鹞"式垂直起降战斗机和F-35垂直起降战斗机等，详细情况将在后文介绍。

◾ 1.3 航空器的发展趋势

飞机诞生一百多年来，人类发明了各种各样的航空器，实现了许多航空领域的壮举，航空科技得到了突飞猛进的发展。但随着人类需求的不断提升，人类对于未来的航空器也提出了新的需求，这些需求决定了航空器的未来发展趋势。

从战斗机来看，目前已经有 F-22、F-35 为代表的第四代战斗机，并已经装备部队。第五代战斗机达到什么样的技术将是未来战斗机发展需要首先考虑的问题。虽然，目前正在开展无人作战飞机的研制，但未来战斗机是否完全采用无人驾驶的方式还没有定论。图 1-96 示出了电影《绝密飞行》中所构想的未来无人作战飞机。

无人机由于具有重量轻、尺寸小、成本低、机动性高和隐蔽性好等优点，并适宜在高危险区域执行任务，还没有飞行员的生命安全问题，近些年来取得了非常迅猛的发展，这种迅猛发展还将在未来持续。

随着空中旅行需求的不断增加，采用多种先进技术的现代大型客机以及超声速客机，仍将是未来航空器发展的重要方向。图 1-97 和图 1-98 示出了国外著名飞机研制公司对于未来大型客机的设想。

高超声速飞行器（图 1-99）、各种新概念的非常规布局航空器以及微小型航空器（图 1-100），也将是未来航空器发展的重要方向。

图 1-96 电影《绝密飞行》所构想的
未来无人作战飞机

图 1-97 欧洲空中客车公司对于未来
客机透明客舱的构想

图 1-98 美国洛克希德·马丁公
司提出的未来超声速客机方案

图 1-99 美国在研的 X-51A "乘波者"
高超声速飞行器

图 1-100 荷兰研制的装备摄像机
的微型航空器（重量只有几克）

第二章

飞机的部件与布局

本章介绍了飞机的部件构成及功用，还介绍了飞机的气动布局、尾翼的布局、动力装置的布置和起降装置的布置。

2.1 飞机的部件及功用

不同的飞机外形各异，包括各种部件，每种部件起到不同的功用。这里对飞机的组成部件及其功用进行介绍。

2.1.1 飞机组成部件及其功用

飞机的主要组成部件通常包括机翼、机身、尾翼、起降装置、动力装置和操纵系统，如图 2-1 所示。

机翼是飞机产生升力的部件，机翼后缘有可操纵的活动面，外侧的活动面叫做副翼（图 2-2），用于控制飞机的滚转运动；靠近机身的活动面称为襟翼（图 2-2），用于增加起飞着陆时的升力。飞机的机翼内部通常装有油箱，机翼下面可外挂副油箱或各种武器，部分飞机的起落架和发动机也安装在机翼下。

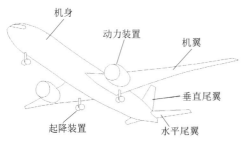

图 2-1 飞机的主要部件

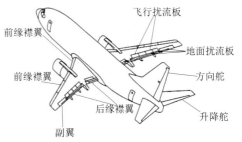

图 2-2 飞机的舵面

机身是飞机其他结构部件的安装基础。飞机的机身用来装载人员、货物、设备、燃料和武器等。对于采用翼身融合体设计的飞机，往往很难严格地区分机翼和机身，如图 2-3 所示。

尾翼是平衡、安定和操纵飞机飞行姿态的部件，通常包括垂直尾翼和水平尾翼两部分。方向舵（图 2-2）位于垂直尾翼后部，用于控制飞机的航向；升

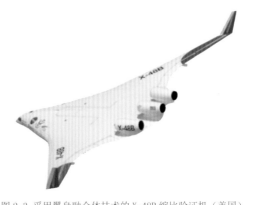

图 2-3 采用翼身融合体技术的 X-48B 缩比验证机（美国）

降舵（图 2-2）位于水平尾翼后部，用于控制飞机的俯仰。对于采用飞翼布局的飞机，则没有水平尾翼（图 2-3），甚至没有垂直尾翼。

起降装置用于飞机停放、滑行、起飞和着陆滑跑，比较简单的起降装置也称为起落架。飞机的起降装置通常由支柱、缓冲器、刹车机轮和收放机构等组成。

动力装置为飞机提供动力，保证它们能够前飞和爬升等。根据产生动力的方式的不同，飞机的动力装置有多种类型，有的直接喷气产生推力，有的驱动螺旋桨旋转产生推力/拉力。

操纵系统主要用于驱动舵面等部件偏转，以对飞机进行操纵。操纵系统通常布置在飞机的内部，一般通过液压系统或电缆或钢索等将驾驶员的操纵指令传递给舵面使其偏转。

■ 2.1.2 机翼和机身的外形及其特点

飞机的几何外形主要由机身、机翼和尾翼等主要部件的外形共同组成。通过前面的介绍，我们已经接触到了各种各样的飞机。不难发现，不同飞机其产生升力的主要翼面——机翼的外形差别还是比较大的，而作为最能代表气动外形特征的机翼，其外形又直接决定着飞机的气动性能。为此，有必要对机翼的平面形状进行分类，并对机翼的一些关键参数进行介绍。尾翼平面形状及其特点与机翼类似。此外，机身的外形也有一定的差别，在此一并介绍。

2.1.2.1 机翼的平面外形参数

机翼是飞机产生升力和阻力的主要部件，其几何外形可以从机翼俯视平面形状和翼剖面形状两个方面来描述，如图 2-4 所示。

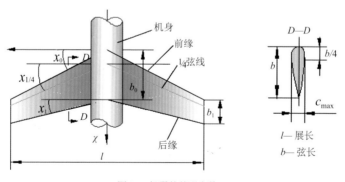

图 2-4 机翼的外形参数

典型的机翼平面形状参数主要包括翼展 l、翼弦 b、前缘后掠角 x_0 等。翼展是指机翼左右翼梢之间的最大横向距离。翼弦是指翼型前缘点和后缘点之间的连线，通常比较关心的是翼根弦长 b_0 和翼梢弦长 b_1。前缘后掠角是机翼前缘线与垂直于翼根对称平面的直线之间的夹角。机翼的后掠角通常也用 1/4 弦线后掠角 $x_{1/4}$ 表示。所谓

1/4 弦线是指，翼根弦上距离前缘 1/4 翼根弦长距离的点与翼梢弦上距离前缘 1/4 翼梢弦长距离的点的连线。

在实际应用中通常还以展弦比、根梢比、后掠角等参数来表示机翼的平面形状参数，而用相对厚度来表示翼剖面形状（称为翼型）参数。这些参数对于飞机的气动特性有重要的影响。

展弦比 λ 是指机翼展长与平均几何弦长之比，见式（2.1）。对于图2-4中所示前、后缘均为直线的机翼，平均几何弦长 $b_{av}=(b_0+b_1)/2$；S 为整个机翼平面形状的面积。

梢根比 η 是指翼梢弦长与翼根弦长之比，见式（2.2）

翼型的相对厚度 $\bar{c}$ 是指翼型最大厚度 c_{max} 与弦长之比，见式（2.3）。

$$\lambda=\frac{l}{b_{av}}=\frac{l^2}{b_{av}l}=\frac{l^2}{S} \tag{2.1}$$

$$\eta=\frac{b_1}{b_0} \tag{2.2}$$

$$\bar{c}=\frac{c_{max}}{b} \tag{2.3}$$

由空气动力学理论和实验可知，在低速情况下（0.4倍声速以下），大展弦比平直机翼的升力系数较大，诱导阻力小；而在亚声速飞行时（0.4～0.85倍声速），后掠机翼可延缓激波的产生并减弱激波的强度，从而减小波阻；在超声速飞行时（1.15倍声速以上），激波已不可避免，但采用小展弦比机翼、三角翼、边条机翼等对减小波阻比较有利。关于速度范围的划分，激波、波阻、诱导阻力等概念，以及边条机翼，将在第三章进行介绍。

2.1.2.2 基于平面形状的机翼分类

机翼的外形主要以其平面形状来区分。按照平面形状的不同，通常可划分为三种基本型：平直翼、后掠翼、三角翼，如图2-5所示。

（1）平直翼

平直翼通常是指机翼的1/4弦线后掠角很小的机翼（图2-6～图2-8）。平直翼多用在低速和亚声速飞机上。这类机翼的展弦比通常为8～12，相对厚度为0.12～0.15。平直翼根据弦长的展向分布不同，又可分为矩形机翼（图2-6）、梯形机翼（图2-7）、椭圆形机翼（图2-8）。

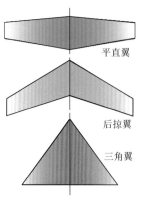

图2-5 机翼的平面形状

图 2-6 采用矩形机翼的飞机
的俯视图

图 2-7 采用梯形机翼的飞机
的俯视图

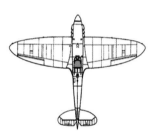

图 2-8 采用椭圆形机翼的飞
机的俯视图

（2）后掠翼

后掠翼通常是指机翼 1/4 弦线后掠角在 20°以上的机翼。后掠翼多用于高亚声速飞机（图 2-9）和部分超声速飞机。高亚声速飞机后掠翼的常用参数范围是：后掠角 30°～35°，展弦比 6～8，相对厚度约 0.10，梢根比 0.25～0.3。对于超声速飞机，后掠角超过 35°，展弦比 3～4，相对厚度 0.06～0.08，梢根比小于 0.3。也有一些超声速战斗机采用向前掠的机翼（图 2-10），其机翼掠角的定义和后掠翼相似，但符号相反。

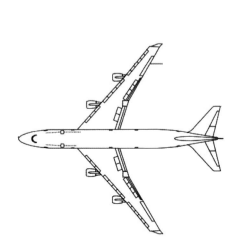

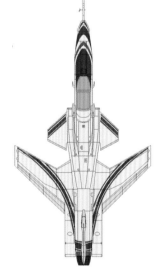

图 2-9 采用后掠翼的民航客机的俯视图　　　　图 2-10 采用前掠翼的战斗机的俯视图

平直机翼低速飞行性能好，有利于起飞和降落，但高亚声速和超声速飞行性能不好；后掠翼有利于高亚声速和超声速飞行，但是低速飞行性能较差。因此，有些飞机为了既能实现超声速、高亚声速飞行，又有较好的起降性能，往往采用变后掠机翼，如美国的 F-14（图 2-11）、B-1B（图 2-12）以及苏联的米格 -23、图 -160 等（图 2-13）。这种变后掠机翼可以在飞行中改变后掠角，起飞着陆时后掠角小，高速飞行时后掠角大。但变后掠机翼也有它的缺点，那就是要付出很大的结构重量来实现机翼后掠角的变化，因此这种变后掠机翼在现代飞机设计中已经基本不再使用了。

（a）机翼展开状态 （b）机翼后掠状态

图2-11 美国F-14变后掠翼战斗机

（a）机翼展开状态 （b）机翼后掠状态

图2-12 美国B-1B变后掠翼轰炸机

（a）机翼展开状态 （b）机翼后掠状态

图2-13 苏联图-160变后掠翼轰炸机

（3）三角翼

三角翼通常是指机翼前缘后掠角非常大，后缘基本无后掠，俯视投影呈三角形的机翼。三角翼通常用于超声速飞机（图2-14、图2-15），尤以无尾飞机采用最多。

图 2-14 采用三角翼的战斗机　　　　　　　　　图 2-15 采用三角翼的超声速客机

2.1.2.3 机身的外形参数

机身的外形参数包括机身的长度 l_{js} 和机身的最大直径 d_{js}（或宽度和高度），如图 2-16。机身的直径往往是沿机身长度方向变化的。不同类型飞机的机身外形往往有较大差别；有些飞机的机身粗而短，如民航客机；而有些飞机的机身又长又细，如超声速飞机。

如何对不同的飞机机身进行统一表述，这就涉及机身的一个主要几何外形参数——长细比。长细比也用于描述短舱（如发动机短舱）的几何外形。

长细比是指机身长度与机身最大直径之比，见式（2.4）。

$$\lambda_{js} = \frac{l_{js}}{d_{js}} \tag{2.4}$$

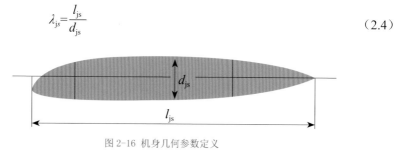

图 2-16 机身几何参数定义

对于低速和亚声速飞机，机身一般采用不大的长细比（6 ~ 9）；而对于超声速飞机，机身一般采用较大的长细比（10 ~ 20）。在另一方面，长细比小有利于提高机身结构抵抗弯曲的能力。

■ 2.1.3 舵面及其功用

飞机不仅要直线飞行，而且要改变飞行状态，实现起飞、降落和机动飞行。为了实现飞行状态的改变，飞机上安装有各种用于操纵或增加升力的舵面（也称操纵面），包括副翼、升降舵、方向舵、襟翼等，如图2-2所示。

在介绍各个舵面的功用之前，这里先简单介绍一下飞机的三轴：俯仰轴（也称横轴）、滚转轴（也称纵轴）、偏航轴（也称立轴），如图2-17所示。通常，采用沿这三轴的平动和绕这三轴的转动来描述飞机在空中的运动。绕俯仰轴的转动，称为俯仰运动；绕滚转轴的转动，称为滚转运动；绕偏航轴的转动，称为偏航运动；沿俯仰轴的平动，称为侧向运动；沿偏航轴的平动，称为沉浮运动；沿滚转轴的平动，通常称为前后运动，直升机可以实现前飞和后飞，而飞机通常只能进行前飞。此外，直升机还可以进行侧向运动，而飞机则不能。

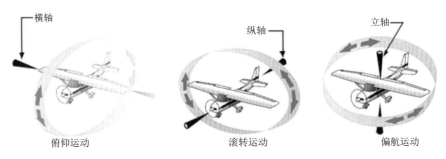

图2-17 飞机运动的三轴

2.1.3.1 副翼

副翼是用于飞机滚转操纵的舵面，通常位于每个机翼后缘靠近翼尖的位置，两侧的运动方向相反。通过副翼的偏转可以使飞机产生滚转运动。

2.1.3.2 升降舵

升降舵是用于飞机俯仰操纵的舵面，通常位于机身尾部水平尾翼的后缘。它们一同向上或向下偏转。通过升降舵的偏转可以使飞机产生俯仰运

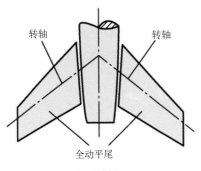

（a）示意图

（b）战斗机上使用的全动平尾

图2-18 全动平尾

动。一些飞机为了提高俯仰操纵性，往往还使用全动平尾来取代升降舵，如图 2-18 所示。

2.1.3.3 方向舵

方向舵是用于航向操纵的舵面，通常位于机身尾部垂直尾翼的后缘。

为了减少舵面的铰链力矩，通常还在升降舵和方向舵的翼尖处向前缘伸出一段结构，称为气动补偿片，如图 2-19 所示。在舵面不偏转时，气动补偿片就好比安定面的翼尖结构。

图 2-19 升降舵向前伸的气动补偿片

关于副翼、升降舵和方向舵的操纵方式与规律将在第三章详细介绍。

2.1.3.4 襟翼

襟翼包括后缘襟翼和前缘襟翼，如图 2-20 所示。一般情况下襟翼就是指后缘襟翼。前缘襟翼通常也称为前缘缝翼。后缘襟翼通常安装在机翼后缘靠近翼根的地方。前缘襟翼向下和向前下方偏移，后缘襟翼向下或后下方偏移，可以增加机翼的弯曲度，提高升力系数（表示升力大小的无量纲参数），使得机翼的升力增加，同时这也会使机翼的失速速度（低于该速度飞机升力迅速降低）降低；当然也会导致阻力的急剧增加。

襟翼一般在低速、高飞行迎角的情况下使用，如着陆前的下降过程中，既增加升力系数从而降低飞行速度，又增加阻力使得着陆滑跑距离减小。起飞时为了增加升力也会使用襟翼，但其偏移量较小，以减小阻力的增加。一些飞机上还设有襟副翼，兼有襟翼和副翼的双重功能，在起飞和降落时起襟翼的作用，在巡航飞行时可代替

图 2-20 机翼上的前缘襟翼和后缘襟翼

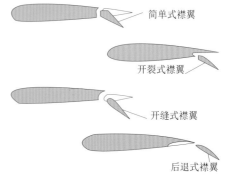

图 2-21 几种常见的后缘襟翼

副翼用作滚转操纵，以弥补副翼在高速飞行时操纵效能的降低。

在飞机上，后缘襟翼有多种形式，通常分为简单式襟翼、开裂式襟翼、开缝式襟翼和后退式襟翼，如图2-21所示。

（1）简单式襟翼

简单式襟翼的形状与副翼相似，其构造比较简单，如图2-22所示。简单式襟翼在不偏转时形成机翼后缘的一部分，当向下偏转时，相当于增大了机翼翼型的弯度，从而使升力增大。在着陆时这种襟翼往往偏转不能超过60°，这时大约能使升力系数增加65%～75%。简单式襟翼结构简单，制造和维护成本低，因而被广泛使用。

图2-22 飞机上使用的简单式襟翼

（2）开裂式襟翼

开裂式襟翼像一块薄板，紧贴于机翼后缘下表面并形成机翼的一部分，如图2-23所示。使用时向下偏转，在后缘与机翼之间形成一个低压区。这个低压区对机翼上表面的气流有吸引作用，使上表面的气流流速增大从而压强减小，最终增大了机翼上下表面的压强差，使升力增大。除此之外，襟翼下放后，增大了机翼翼型的弯度，同样可提高升力。这种襟翼一般可把机翼的升力系数提高75%～85%。

图2-23 飞机上使用的开裂式襟翼

图2-24 飞机上使用的开缝式襟翼

（3）开缝式襟翼

开缝式襟翼是在简单式襟翼的基础上改进而成的，如图2-24所示。这种襟翼打开时与机翼之间有一道缝隙，除了起简单式襟翼的增升作用外，下表面的高压气流还可以通过这道缝隙以高速流向上表面，从而推迟上翼面后缘气流分离，保持良好的增升效果。由于开缝式襟翼相对于简单式襟翼只是增加了一道缝隙，因此有时候也很难严格区分简单式襟翼和开缝式襟翼。开缝式襟翼的增升效果较好，一般可使升力系数增大85%～95%。

（4）后退式襟翼

后退式襟翼在下放前是机翼后缘的一部分，当其下放时，一边向下偏转一边向后移动，既加大了机翼翼型的弯度，又增大了机翼面积，从而使升力增大，如图2-25所示。

图 2-25 飞机上使用的后退式襟翼

这种襟翼的增升效果比前三种的增升效果都好，一般可使翼型的升力系数增加110%～140%，甚至更大。这种襟翼一般在起飞重量较大的客机和运输机上使用，且襟翼由2～3片构件组成。

2.1.3.5 扰流片

运输类飞机通常还在机翼后缘的上表面布置扰流片，如图2-26所示，用于巡航飞行时的阵风减缓和姿态调整操纵，在降落时还可以用作减速板。

图 2-26 飞机上使用的扰流片

2.2 飞机的布局

飞机各个部件的相对位置的布置就是飞机的布局。飞机为了达到不同的性能要求，往往采用不同的布局形式。这里从飞机的气动布局、尾翼的布局、动力装置的布置和起降装置的布置几方面介绍各种飞机的布局形式。

2.2.1 飞机的气动布局

飞机发明一百多年以来，国内外飞机设计师们设计了各式各样的飞机。正如前面所给出的图片，这些飞机的外形也是多种多样的。那么如何根据飞机的外形对飞机进行归类呢？我们说，由于飞机的外形就决定了飞机的气动性能，因此飞机的外形也称为气动外形。这样，就可以根据气动外形对飞机进行分类，即气动布局。

不同飞机的机翼和机身的相对位置是不一样的。以机身为参照，有的机翼在前面，有的机翼在后面；有的机翼在机身上面，有的机翼在下面；有的机翼翼尖往上翘，有的机翼翼尖往下沉；有的翼面前面比后面高，有的反之。根据机翼和机身及平尾之间的不同相对位置，可以区分不同的气动布局。

2.2.1.1 正常式、鸭式、无尾、三翼面气动布局

根据产生主要升力的机翼以及起配平作用的平尾的有无及前后位置，通常可以将飞机分成以下四种气动布局：正常式气动布局（又称常规气动布局）、鸭式气动布局、无尾气动布局、三翼面气动布局，如图 2-27 所示。

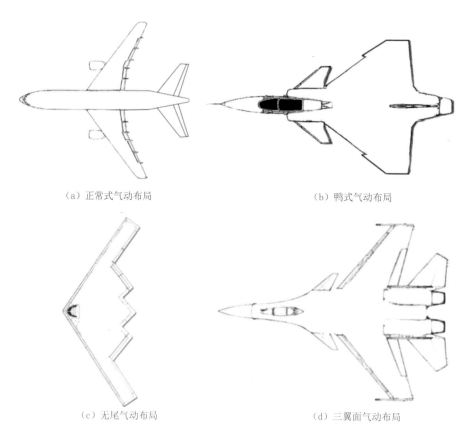

（a）正常式气动布局 　　　　　　（b）鸭式气动布局

（c）无尾气动布局 　　　　　　（d）三翼面气动布局

图 2-27 飞机的气动布局

（1）正常式气动布局

正常式气动布局的特点是，产生升力的部件——机翼在前面，而起俯仰配平（有时也称俯仰平衡）作用和俯仰操纵作用的水平尾翼在后面。这种气动布局是迄今为止使用最多的一种布局形式，由于技术非常成熟、纵向稳定性好，目前应用于各类飞机上，如图 2-28、图 2-29 所示。

图 2-28 采用正常式气动布局的轻型飞机　　图 2-29 采用正常式气动布局的 ARJ-21 客机（中国）

（2）鸭式气动布局

鸭式气动布局的特点是：产生主要升力的主翼（在鸭式气动布局中，机翼被称为主翼）在后面，与平尾一样起纵向配平和操纵作用，但产生一定升力的鸭翼位于前面。这种气动布局具有失速特性和机动特性好等优点。关于失速特性和机动特性，将在第三章详细介绍。莱特兄弟设计的"飞行者"1 号采用的就是鸭式气动布局。但这种气动布局在飞机诞生的早期并未能得到足够的重视，后来随着超声速时代的来临，鸭式气动布局的优点才逐渐为人们所认识。目前这种气动布局形式广泛应用于先进战斗机，如图 2-30、图 2-31 所示。

图 2-30 采用鸭式气动布局的歼 -10 战斗机（中国）　　图 2-31 采用鸭式气动布局的"台风"战斗机（欧洲）

（3）无尾气动布局

无尾气动布局也称飞翼布局，其特点是：只有产生升力的机翼，既没有平尾又没有鸭翼，甚至有些无尾布局飞机连垂尾都没有。这种气动布局的优点是阻力小、隐身性能好；但缺点是稳定性不好，不适合布置增升装置。目前，无尾气动布局形式为现代隐身飞机所广泛采用（图2-32），"协和"号超声速客机也采用无尾气动布局（图2-33）。

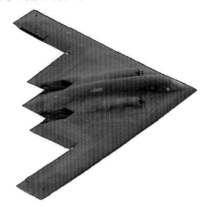

图2-32 采用无尾气动布局的B-2隐身轰炸机（美国）

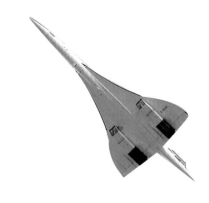

图2-33 采用无尾气动布局的"协和"号超声速客机（英法）

（4）三翼面气动布局

三翼面气动布局是在正常式气动布局的基础上增加了鸭翼构成的（图2-34）。这种气动布局综合了正常式气动布局和鸭式气动布局的优点，有望得到更好的气动特性；缺点是由于同时有鸭翼和平尾使得飞机在总重方面有所增加。目前，采用三翼面布局的飞机不多。

在飞机设计中，气动布局形式的选择是首先要解决的关键问题之一，它直

图2-34 采用三翼面气动布局的苏-35战斗机（俄罗斯）

接决定了飞行器的总体性能。上述各种布局各有优缺点，设计时要在对继承和创新进行综合与折中的基础上，选择合适的气动布局。

2.2.1.2 上单翼、中单翼和下单翼

在前面大家所接触的各种飞机中，有的飞机机翼在机身上面，有的飞机机翼在机身下面，有的飞机机翼从机身中间穿过。读者不禁会问，为什么不同的飞机机翼和机身的上下相对位置采用不同的方式？这就不得不介绍一下飞机的上单翼布局、中单翼布局和下单翼布局。单翼飞机的气动布局按照机翼与机身连接的上下位置来划分，可分为上单翼、中单翼和下单翼，分别是指机翼在机身上面的布局、机翼穿过机身中间的布局以及机翼在机身下面的布局。如图2-35～图2-38所示。

　　在设计时采用哪一种气动布局,取决于很多方面的因素。上单翼布局气动安定性好,适合对安定性要求高的飞机;下单翼适合对机动性要求高的战斗机,此外,下单翼由于机翼可以保护乘客,也广泛用于客机;中单翼布局的气动干扰小,在战斗机中使用较多。在结构方面,上单翼机翼、下单翼机翼的贯穿性较好,有利于提高结构效率。

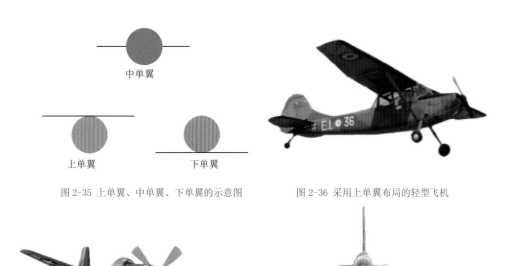

图 2-35　上单翼、中单翼、下单翼的示意图　　　　图 2-36　采用上单翼布局的轻型飞机

图 2-37　采用下单翼布局的战斗机　　　　图 2-38　采用中单翼布局的战斗机

2.2.1.3　上反翼、下反翼和无上反翼

　　从飞机的前视图看,机翼通常不是水平的,而是与水平面之间有一定的夹角,这个夹角被称为机翼的上反角 Γ(图 2-39)。相对于水平面来说,翼尖高于翼根的机翼称为上反翼,此时上反角为正;翼尖低于翼根的机翼称

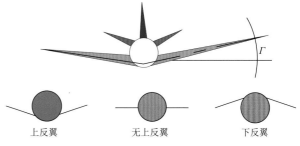

图 2-39　机翼上反角示意图

为下反翼,此时上反角为负,称为下反角;翼尖和翼根平齐的机翼称为无上反翼。

　　上反翼的气动安定性较好,适用于对稳定性要求高的飞机,如民航客机(图 2-40);下反翼气动安定性不好,适用于对机动性要求高的飞机,如战斗机。

图2-40 机翼具有较大上反角的民航客机

2.2.1.4 翼面的安装角

机翼／水平尾翼的安装角用以
表示机翼／水平尾翼和机身轴线之
间的夹角φ（从侧视图方向看），
一般将机身轴线与机翼／水平尾翼

图2-41 机翼安装角示意图

翼根处翼型弦线的夹角定义为安装角（图2-41）。相对于机身轴线来说，前缘高后
缘低的机翼／水平尾翼，其安装角为正，反之为负。

将机翼／水平尾翼和机身之间设置一定的安装角，主要原因是使得飞机在某种飞
行状态下（通常为巡航状
态）具有较高的气动效率，
减小阻力。

机翼安装角的确定是
个气动设计问题，通常要
用风洞试验数据来解决。
不同飞机机翼的安装角
不同，对大型运输机和
轰炸机安装角一般取为
2°～6°。水平尾翼相对
于机身轴线来说，其安装
角通常为0°～-2°，这
样相对于机翼来说，水平尾

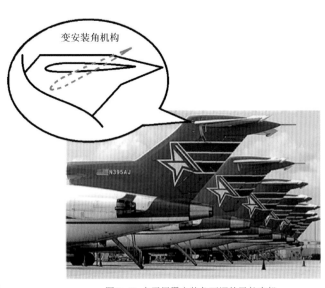

图2-42 水平尾翼安装角可调的民航客机

翼总是处于负安装角状态。

机翼和机身之间的安装角通常是不变的，因为改变机翼的安装角对于结构的设计和受力非常不利。但水平尾翼的安装角则有不少飞机在飞行中是可以变化的，如民航客机（图2-42），其通过改变平尾的安装角来进行纵向配平，以减小舵面的偏转角，从而减小驾驶员操纵的杆力和飞机的阻力。

■ 2.2.2 尾翼的布局

尾翼是飞机中起平衡和操纵作用的部件，包括水平尾翼（简称平尾）和垂直尾翼（简称垂尾或立尾）。不同飞机的尾翼在布局形式上也是有很大差别的。尾翼中平尾一般只有一个，垂尾可以有一个或多个。按照平尾、立尾之间的相对位置及垂尾的数目，可以分成单立尾布局、双或多立尾布局、V形尾翼布局等多种布局形式。

2.2.2.1 单立尾布局

单立尾布局是最为常见的一种尾翼布局形式。根据立尾相对于平尾的位置，尾翼又可以分为常规形尾翼、T形尾翼、十字形尾翼。

（1）常规形尾翼

这种布局形式的尾翼，平尾在垂尾的下面，通常能够以最轻的结构重量，提供足够的稳定性和操纵性。这种布局形式在飞机上应用最为广泛，如图2-43所示。

图 2-43 采用常规形尾翼的早期战斗机

（2）T形尾翼

T形尾翼布局是指平尾位于垂尾顶部的尾翼布局形式。这种布局形式的垂尾往往需要进行加强，因此要付出一定的重量代价。这种尾翼布局形式通常在运输类飞机中使用较多，如图 2-44 所示。

（3）十字形尾翼

这种尾翼布局是介于常规形尾翼布局和 T 形尾翼布局之间的尾翼布局方案。这种布局的尾翼曾在一些水上飞机和早期的战斗机上（图 2-45）使用，当前使用较少。

图 2-44 采用 T 形尾翼的民航客机

图 2-45 采用十字形尾翼的战斗机

2.2.2.2 双或多立尾布局

双或多立尾布局通常包括常规双立尾布局、双尾撑双立尾布局、H 形尾翼布局和三立尾布局。常规双立尾布局是指在机身上装有两个立尾的布局形式，这种布局通常在现代战斗机中广泛使用（图 2-46），以增加航向安定性。双尾撑双立尾布局是指在向后延伸的两个尾撑（实际上也可以称为机身，只是因为比较细长，通常被称为尾撑）上安装两个立尾的布局形式，通常在一些无人机和早期的轰炸机中使用，如图 2-47 所示。H 形尾翼布局通常在大型运输机中使用，是一种在平尾两端安装两个立尾的布局形式，从前后看平尾和立尾构成一个 H 字样，故称为 H 形尾翼，如图 2-48 所示。飞机一般情况下很少使用三立尾气动布局。

图 2-46 常规双立尾布局战斗机

图 2-47 双尾撑双立尾布局的早期战斗机

图 2-48 H形尾翼布局的运输机

2.2.2.3 V形尾翼布局

V形尾翼具有较小的干扰阻力。通常可以分为正V形尾翼（图2-49，两片尾翼向上张开）和倒V形尾翼（两片尾翼向下张开）。此外，还有一些特殊布局形式的尾翼，如Y形尾翼（图2-50）、环形尾翼等。

图 2-49 V形尾翼飞机

图 2-50 Y形尾翼无人机

◼ 2.2.3 动力装置的布置

动力装置是飞行器的重要部件，其主要部件就是发动机。所有带动力的飞行器在设计时都需要综合考虑飞行器气动、结构、发动机的一体化设计。鉴于发动机对于飞行器的重要性，且很多飞行事故往往都是由于发动机故障导致的，人们通常把发动机比作飞行器的心脏。

发动机的布置形式通常有单发、双发、多发（包括三发、四发及以上）几种（图2-51）。其中，单发和双发比较常见；多发布置中，四发形式用得比较多，三发形式通常需要将其中一台发动机安装在机身尾部，目前用得较少。也有像 B-52 那样的八发形式的动力装置，每两发一组，共构成四组。

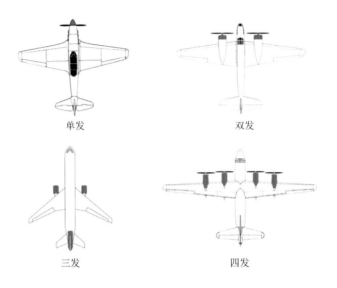

单发　　　　　　　　　　　双发

三发　　　　　　　　　　　四发

图 2-51　发动机的布局

具体而言，飞机上发动机的安装位置与发动机的数目及形式有关。由于航空发动机主要有活塞式发动机、涡轮螺旋桨发动机、涡轮桨扇发动机以及涡轮喷气和涡轮风扇发动机；前三种需要使用外露螺旋桨或者桨扇（与螺旋桨类似），而涡轮喷气和涡轮风扇发动机没有外露的螺旋桨或者桨扇。因此，对发动机的布置形式进行分类时，通常按照有无外露螺旋桨（包括桨扇）进行进一步的分类。关于桨扇，目前成功应用的只有俄罗斯的安 -70 运输机，在此不作详细介绍，感兴趣的读者可以查阅相关资料。

2.2.3.1　驱动螺旋桨式发动机在飞机上的布置

驱动螺旋桨产生拉力或推力的发动机在飞机上目前多安装一台、两台或四台（图 2-52 ～图 2-57）；多采取的是拉进式布局，即螺旋桨在发动机之前，发动机装在机头或机翼前缘。另一种是推进式布局，即发动机装于机翼后沿或机身后段。推进式布局可以使机翼位于螺旋桨的滑流之外，有利于降低阻力，但通常主起落架相对较高，会一定程度地增加重量，而且发动机在地面工作时冷却条件也较差。对于双发布局，也有采用一推一拉形式的。

图 2-52 拉进式单发活塞式螺旋桨布局

图 2-53 推进式单发活塞式螺旋桨布局

图 2-54 拉进式双发涡轮螺旋桨布局

图 2-55 一推一拉双发活塞式螺旋桨布局

图 2-56 拉进式四发涡轮螺旋桨布局

图 2-57 多发拉进式电动螺旋桨布局

2.2.3.2 喷气式发动机在飞机上的布置

涡轮喷气和涡轮风扇这两类发动机，由于都没有外露螺旋桨，其在飞机上的安装位置相似，这里都统称为喷气发动机。关于这两类发动机的区别和联系，将在第五章进行详细介绍。

图 2-58 单台喷气发动机布局

单台喷气发动机多装在机身后段或机身下部，如图 2-58 所示。这种布置方式有利于维护修理，只要将机身后段拆卸开就行了；同时还可让出机身短舱或前段的空间，以便容纳人员和武器装备。这种发动机安排方式主要用于战斗机。也有将单台喷气发动机背在机身后段的形式。

两台喷气发动机有几种安排方式。常见的一种是把两台发动机各装在机身两侧的短舱内，或机身的后部和腹部，如图 2-59、图 2-60 所示。这种方式的优点是机身空间大，装载的人员和设备多。但其构造比较复杂，而且还会增大阻力。

图 2-59 采用两侧进气双发喷气发动机布局的战斗机　图 2-60 采用腹部进气双发喷气发动机布局的战斗机

第二种双发的安排方式是把发动机装在机翼下的吊舱内，常见于运输机和客机，如图 2-61 所示，通常称为翼吊式发动机布局。这种方式的好处是减少发动机短舱和机翼的干扰，对提高最大升力系数有利；可采用全翼展的襟翼。另外，由于短舱离地近，维护比较方便，但易于吸入尘土。

图 2-61 采用翼吊式双发喷气发动机布局的民航客机　图 2-62 采用尾吊式双发喷气发动机布局的客机

　　双发的第三种安排方式是把两台发动机并列在后机身外部的两侧,通常称为尾吊式发动机布局,如图 2-62 所示。其优点是座舱内噪声小,机翼上没有发动机短舱的干扰,气动性能较好;进气和排气通道较短,因而能量的损失较少。但这种安排的机身构造相对较复杂。

　　三台喷气发动机多用于运输机。其安排方式有两种。一种是两台发动机并列装在机身后段,另一台装在垂直尾翼上(或后机身上),如图 2-63 所示。另一种三发的安排方式是,把两台涡轮风扇发动机安装在机翼下的吊舱内,另一台安装在垂直尾翼上(或后机身上),如图 2-64 所示。

图 2-63 采用尾吊式三发喷气发动机布局的客机

图 2-64 采用翼吊／尾吊混合的三发喷气发动机布局的 KC-10 空中加油机

　　四台喷气发动机的安排方式比较常见是将四台发动机都置于机翼下的吊舱内,如图 2-65 所示。当然也可以采用其他的一些形式,但不常见。采用四台以上发动机的飞机比较少见,比较有名的有 B-52 轰炸机,采用八台发动机,分四组吊挂在机翼下面,如图 2-66 所示。

图 2-65 采用翼吊式四发喷气发动机布局的运输机　　　图 2-66 采用翼吊式八发四组喷气发动机布局的 B-52 轰炸机

■ 2.2.4 起降装置的布置

飞机要进行起飞、着陆和地面停放，就需要用到起降装置，通常也称为起落架。起降装置的功用是可以吸收着陆冲击能量，减小冲击载荷，改善滑行性能。飞机的起降装置是多种多样的，下面首先对起降装置的种类进行介绍。

2.2.4.1 起降装置的种类

飞机的起降装置多种多样，如许多飞机使用的轮式起落架（图 2-67），轻型直升机和雪地起降飞机用的滑橇式起落架（图 2-68），水上飞机和水上直升机使用的浮筒式起落架（图 2-69，该机除了机翼两侧有浮筒外，机身也做成船身样式）；还有一些飞机使用的特殊起降装置，如无人驾驶飞机的滑轨弹射器（图 2-70）和小车式起落架（仅用于滑跑，离地时与无人机分离；如图 2-71）等。某些飞机还带有两种起降装置，如水陆两用飞机既有在水上起降的浮筒，也有在陆地上使用的轮式起落架。有些飞机的起飞装置和着陆装置是不同的，如无人驾驶飞机用滑轨弹射起飞（或滑跑起飞，或手抛起飞），但使用降落伞回收，如图 2-72 所示。轮式起落架是使用最为广泛的一种起降装置。

图 2-67 民航客机使用的轮式起落架

图 2-68 轻型飞机使用的滑橇式起落架

图 2-69 水上飞机使用的浮筒式起落架

图 2-70 无人机使用的滑轨弹射器

图 2-71 无人机使用的小车式起落架

图 2-72 无人机使用的降落伞

2.2.4.2 轮式起落架的布置形式

轮式起落架在飞机上的布置一般为三点方式，根据主轮相对重心的位置不同，起落架有三种布置形式：后三点式、前三点式、自行车式，如图 2-73 所示。

（1）后三点式

这种起落架布局形式，在飞机重心前并排安置两个主轮，在飞机尾部有一个较小的尾轮［图 2-73（a）、图 2-74］。

20 世纪 40 年代中叶以前，后三点式起落架在装有活塞发动机的飞机上曾得到广泛应用。它的优点是：在飞机上易于安装尾轮，结构简单，尺寸、重量都较小；着陆滑跑时迎角大，可利用较大的阻力来进行减速，缩短滑跑距离。其缺点是：在大速度滑跑时，遇到前方撞击或强力刹车时，容易发生倒立；速度较大时着陆容易跳起，造成低空失速；滑跑过程中方向稳定性差；起飞滑跑时机身仰起，飞行员视界不好。

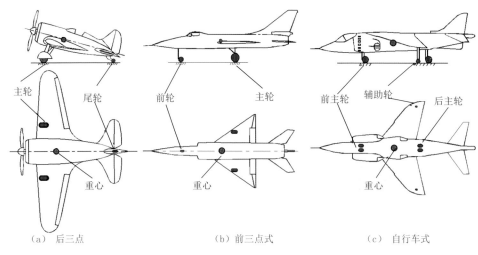

（a）后三点 （b）前三点式 （c）自行车式

图 2-73 轮式起落架的布置形式

图 2-74 采用后三点式起落架的特技运动飞机

（2）前三点式

前三点起落架布局形式，在飞机重心后并排安置两个主轮，在飞机前部有一个前轮［图 2-73（b）、图 2-75］。

20 世纪 40 年代后，前三点式起落架得到广泛应用。它的主要优点是：前轮远离飞机重心，允许主轮强力制动而无倒立危险，因此能有效地缩短着陆滑跑距离；飞机滑跑

图 2-75 采用前三点式起落架的教练机

方向稳定性好，起飞着陆容易操纵；机身轴线与地面基本水平，可避免喷气发动机的燃气烧坏跑道；飞行员视界好。其缺点是：前起落架承受的载荷大，构造复杂，尺寸大，重量大；前轮会产生摆振现象，因此要有防止摆振的措施。

　　对于重型飞机，为了减小对跑道的压力，同时也为了避免机体承受过大的集中载荷，在前三点式的基础上主起落架采用多轮多支柱式起落架。图 2-76（a）为美国 C-5 运输机起落架机轮的布置图以及主起落架的图，它共有四个主起落架，每个主起落架上有 6 个机轮，加上前起落架的 4 个机轮一共有 28 个机轮。图 2-76（b）为俄罗斯的安 -225 大型运输机，前起落架有 4 个机轮，主起落架一边有 14 个机轮，共 32 个机轮。

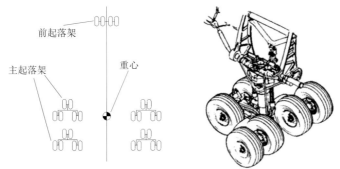

图 2-76（a）美国 C-5 运输机起落架机轮布置（左上）及主起落架（右上、下）

图 2-76（b）俄罗斯安 -225 大型运输机的主起落架

（3）自行车式

自行车式起落架布局形式，两个主轮分别布置在机身下重心前后，为防止地面停放时倾倒，另有两个辅助小轮对称安装在机翼下面 [图 2-73（c）、图 2-77]。

自行车式起落架主要用于不宜布置三点式起落架的飞机上，如上单翼的轰炸机，起落架无法安装在机翼上，而机身中部有炸弹舱口，起落架不能布置在重心附近，因而采用自行车式。自行车式起落架由于没有左右主轮，因此不能采用主轮刹车方式转弯，在前轮需加装转弯操纵装置，使得结构重量加大。另外，由于前轮离重心相对较近，承受载荷较大，起飞时不易离地，常采用伸长前起落架支柱或缩短后起落架支柱的方法来增大迎角帮助起飞。

图 2-77 采用自行车式起落架的垂直起降战斗机

第三章

飞机的飞行原理与飞行性能

本章围绕飞机的飞行原理和飞行性能，介绍大气的特性、升力产生的原理及其影响因素、阻力的分类及其减阻方式、飞机的操纵，并对影响飞行性能的一些因素及其影响规律进行阐述。

3.1 大气的特性

正如前文所述，航空器是在大气层内活动的飞行器，因此其飞行也就离不开大气。在进一步介绍飞行器的其他相关知识之前，有必要对大气的特性加以介绍，以期为更好地了解和理解飞行的其他相关知识提供基础。

大气在地球引力作用下聚集在地球周围，大气层总质量的90%集中在离地球表面15千米高度以内，总质量的99.9%集中在地球表面50千米高度以内。在2000多千米高度以上，大气极其稀薄，并逐渐向行星际空间过渡。大气层没有明显的上限，它的各种特性沿铅垂方向上变化很大，例如空气压强和密度都随高度增加而降低，而温度则随高度变化有很大差异。例如，在离地球表面10千米高度，压强约为海平面压强的1/4，空气密度只相当于海平面空气密度的1/3。

3.1.1 大气的分层

根据大气中温度随高度的变化，可将大气层按照高度从低到高划分为对流层、平流层、中间层、热层和散逸层5个层次，航空器的飞行环境是对流层和平流层。大气层分布如图3-1所示。各分层的高度范围和特点如表3-1所示。

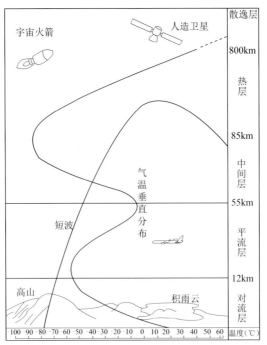

图 3-1 大气层分布图

表 3-1 大气的分层

分层	高度范围	特点
对流层	大气中最低的一层。其上界随地球纬度、季节而变化，上界从赤道地区向南北两极逐渐降低。对流层在赤道地区的上界约为 16 ~ 18km，在两极的上界约为 7 ~ 8km	气温随高度升高而降低；风向、风速经常变化；空气上下对流激烈，严重时会导致飞机严重颠簸；有云、雨、雾、雪等天气现象（简称气象）。 对流层是天气变化最复杂的一层，飞行中所遇到的各种天气变化几乎都出现在这一层中。因此，在飞行之前要事先了解当天的天气情况，以确保飞行安全。通常早、晚两个时间段气流比较稳定，飞行比较平稳
平流层	位于对流层的上面，其顶界约为 50km	大气主要是水平方向的流动，没有上下对流，气流较平稳，能见度好。随着高度增加，起初气温基本不变（约为 -60℃）；到 20 ~ 32km 以上，气温升高较快，到了平流层顶界，气温升至 5℃ 左右
中间层	离地球表面 50 ~ 85km	气温随高度升高而下降，且空气有相当强烈的铅垂方向的运动。当高度升到 80km 左右，气温降到 -100℃ 左右
热层	中间层顶界到离地平面 800km 之间	空气密度极小，由于空气直接受到太阳短波辐射，空气处于高度电离状态，温度又随高度增高而上升
散逸层	热层顶界以外，顶界约为 2000 ~ 3000km	由于是大气最外层，空气极其稀薄（该层大气质量只是整个大气质量的 10^{-11}）；大气分子受地球引力很小，不断地向星际空间逃逸

■ 3.1.2 大气的特性

大气与飞机空气动力学相关的特性有连续性、黏性和可压缩性。

（1）连续性

气体和流体一样具有连续性。大气是由大量分子组成的，在标准大气状态下，每一立方毫米的空间里含有 2.7×10^{16} 个分子，每个分子都有自己的位置、速度和能量。在气体中，分子之间的联系十分微弱，以至于它们的形状仅仅取决于盛装容器的形状（充满该容器），而没有自己固有的外形。

当飞行器在这种空气介质中运动时，由于飞行器的外形尺寸远远大于气体分子的自由行程（一个空气分子经一次碰撞后到下一次碰撞前平均走过的距离），故在研究飞行器和大气之间的相对运动时，气体分子之间的距离完全可以忽略不计，即把气体看成是连续的介质。这就是在空气动力学研究中常说的连续性假设。

航天器所处的飞行环境为高空大气层和外层空间，那里空气非常稀薄，空气分子间的平均自由行程很大，气体分子的自由行程大约与飞行器的外形尺寸在同一数量级甚至更大。在此情况下，大气就不能看成是连续介质了。

（2）黏性

大气的黏性是空气在流动过程中表现出的一种物理性质。大气的黏性力是相邻大气层之间相互运动时产生的牵扯作用力，也叫作大气的内摩擦力，即大气相邻流动层间出现滑动时产生的摩擦力。流体的黏性和温度是有关系的，随着流体温度的升高，气体的黏性将增加，而液体的黏性反而减小。

大气流过物体时产生的摩擦阻力是与大气的黏性有关系的，因此，大气的黏性与飞机飞行时所产生的摩擦阻力也有很大关系。不同流体的黏性是不相同的，如水的黏性是空气的好几百倍。由于空气的黏性很小，在空气中低速运动时其摩擦力很不易被察觉。但是当飞行速度很大时，黏性力的影响就非常明显；速度如果达到3倍声速以上，由于摩擦力的作用，空气将对飞行器产生严重的气动加热，导致飞行器结构的温度急剧上升，以至于不得不采用防热层和耐高温材料。

在描述空气黏性对于飞机空气动力学特性的影响时，通常用雷诺数来表示。雷诺数是一个表示流体惯性力和黏性力比值的无量纲量。雷诺数和流体的密度、速度和特征长度（如机翼的弦长）成正比，和流体的黏度成反比。雷诺数较小时，黏性力对流场的影响大于惯性力。关于雷诺数的更进一步描述，感兴趣的读者可以参考其他相关的书籍。

（3）可压缩性

气体的可压缩性是指当气体的压强改变时其密度和体积改变的性质。不同状态的物质可压缩性也不同。液体对这种变化的反应很小，因此一般认为液体是不可压缩的；而气体对这种变化的反应很大，所以一般来讲认为气体是可压缩的物质。

当大气流过飞行器表面时，由于飞行器对大气的压缩作用，大气压强会发生变化，密度也会随之发生变化。当气流的速度较小时（一般指100米/秒以下），压强的变化量较小，其密度的变化也很小，因此在研究大气低速流动的有关问题时，可以不考虑大气可压缩性的影响。但当大气流动的速度较高时，由于可压缩性的影响，使得大气以超声速流过飞行器表面时与低速流过飞行器表面时有很大的差别，在某些方面甚至还会发生质的变化。这时就必须考虑大气的可压缩性。关于高速飞行所引起的空气被压缩，从而导致的一系列飞行器空气动力特性的变化，感兴趣的读者可以参考一些有关的专业书籍。

■ 3.2 升力与翼型

升力是飞机用以平衡重力飞上蓝天的最根本要求，升力的特性直接决定了飞机的性能，升力的特性与机翼的剖面形状——翼型直接相关。

■ 3.2.1 奇妙的升力

在前面我们已经了解，飞机要飞上蓝天，产生升力是最为关键的一个要素。为此，我们有必要和大家一起探讨升力产生的原理。

介绍升力产生的原理之前，先让大家来做一个小小的试验：如图3-2所示，手持一张白纸的一端，由于重力的作用，白纸的另一端会自然垂下；接下来大家将白纸拿到嘴前，在纸的上面沿着水平方向吹气，看看会发生什么样的情况。结果是：白纸不但没有被吹开，垂下的一端反而飘了起来。这到底是什么原因呢？

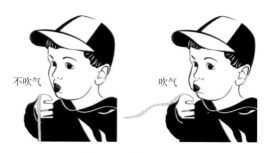

图 3-2 纸的吹气试验

流体力学的基本原理——伯努利定理告诉我们：流动的液体或气体中，流动慢的地方压强较大，而流动快的地方压强较小。基于这一原理，白纸上面的空气被吹动，流动较快，压强比白纸下面不动的空气小，因此将白纸托了起来。

伯努利定理在很多其他的场合也有应用。大家可能都听说过足球比赛中的"香蕉球"，在罚角球时，脚法好的队员可以使足球绕过球门框或守门员，直接飞入球门，由于足球的飞行路线是弯曲的，形似一只香蕉，因此叫做"香蕉球"。这股使足球偏转的神秘力量也来自于空气的压力差，如图3-3所示。由于足球在被踢出后向前飞行的同时还绕自身的轴线旋转，因此在足球的两个侧面相对于空气的运动速度不同，所受到的空

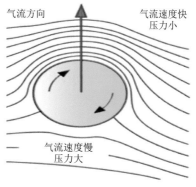

图 3-3 "香蕉球"产生的原因

气的压力也不同，正是这种空气的压力差使得足球按弧线运动，令守门员判断失误，使得足球射进球门。

基于伯努利定理了解了流速和压强的关系之后，我们再来看看机翼上的升力是

怎么产生的。首先来看机翼的剖面——翼剖面，通常也称为翼型，是指沿平行于飞机对称平面的切平面切割机翼所得到的剖面，如图3-4、图3-5所示。翼型最前端的一点叫"前缘"，最后端的一点叫"后缘"，前缘和后缘之间的连线叫"翼弦"，翼弦与相对气流速度 V 之间的夹角 α 叫"迎角"（也称攻角）。

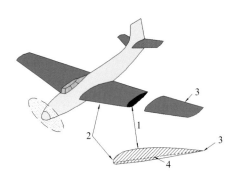

图 3-4 翼型

1—翼型；2—前缘；3—后缘；4—翼弦

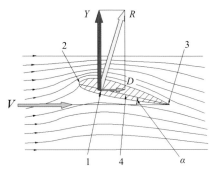

图 3-5 翼型和作用在翼型上的空气动力

1—空气动力作用点；2—前缘；3—后缘；4—翼弦

　　要想在机翼上产生空气动力，必须让它与空气有相对运动，或者说必须具有一定速度的气流流过翼剖面。大部分机翼的翼型，其上表面凸出，下表面平坦。现在将这样一个翼型放在流速为 V 的气流中，如图3-5所示。假设翼型有一个不大的迎角 α，当气流流到翼型的前缘时，气流分成上下两股分别流经翼型的上、下翼面。由于翼型的作用，当气流流过上翼面时流动通道变窄，气流速度增大，压强降低，并低于前方气流的大气压；而气流流过下翼面时，由于翼型前端上仰，气流受到阻挡，且流动通道扩大，气流速度减小，压强增大，并高于前方气流的大气压。因此，在上下翼面之间就形成了一个压强差，从而产生了一个向上的合力 R。这个合力的垂直向上的分量即

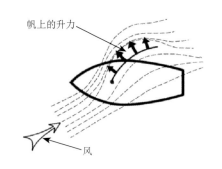

图 3-6 逆风行驶的帆船

为升力 Y，向后的分力即为阻力 D。机翼产生升力的原理还可以从另外一个角度来理解：气流流过机翼后，发生向下的偏转，即机翼给空气以向下的力使气流向下运动，根据作用力与反作用的关系，空气则给机翼以向上的力，即升力。

　　机翼产生升力的这一原理，还在帆船中得到了广泛的应用，能够帮助帆船逆风

行驶，如图 3-6 所示。读者可以自己分析一下，帆船逆风航行的原因。

■ 3.2.2 翼型

正如升力产生的原理所介绍的，机翼的升力来源于气流作用在机翼上、下表面的压力差。而这种压力差则直接取决于机翼的翼型。在另一方面，翼型还影响空气阻力的大小。翼型的升力和阻力特性的好坏，对飞机性能的影响是很大的。要想得到性能优良的飞机，首先要选择好的翼型。

3.2.2.1 翼型的描述

如图 3-7 所示，和翼型的上表面外形线（上弧线）、下表面外形线（下弧线）等距离的曲线称为中弧线，即翼型上下表面弧线内切圆圆心的连线。中弧线与上弧线和下弧线在前端的交点称为前缘，在后端的交点称为后缘，前缘和后缘端点的连线称为弦线，这也是测量迎角的基准线。中弧线和弦线的间隔称为弯度，其最大值的位置称为最大弯度位置。

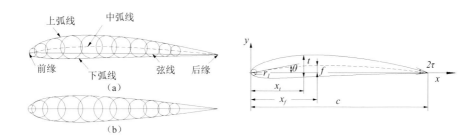

图 3-7 翼型的弦线与中弧线   图 3-8 翼型的几何参数

另外，翼剖面在中弧线垂直的方向测量到的上表面和下表面的距离称为翼型厚度，其最大值称为最大厚度。对于普通的翼剖面，将垂直于弦线（除去前缘附近）的上下表面的距离作为翼型厚度差别也不大。翼型厚度沿弦线的变化称为厚度分布。翼型的最大厚度与弦长的比值即相对厚度。比如，厚度 10% 的翼型，表示最大厚度和弦长的比是 10%。

从翼型的设计和分析来说，可以将它看成是由中弧线和基本厚度翼型叠加而成的［图 3-7（a）］。基本厚度翼型，即将图 3-7（a）中的内切圆的圆心都沿垂直方向平移到弦线上后，这些内切圆的外沿的包络线构成翼型［图 3-7（b）］。

接下来对用于描述翼型的几个常用的关键要素进行简单归纳，如表 3-2 所示。

表 3-2 翼型的关键要素

名称	定义
前缘、后缘	翼型中弧线的最前点和最后点分别称为翼型的前缘和后缘
弦线、弦长	连接前缘、后缘的直线称为弦线。弦线被前缘、后缘所截长度称为弦长，用 c 表示，如图 3-8 所示
弯度	中弧线坐标 y 的最大值 y_{max} 称为最大弯度，简称弯度，以 f 表示。相对弯度定义为弯度 f 与弦长 c 之比，以 $\bar{f}$ 表示，即 $\bar{f}=f/c$。 最大弯度的 x 坐标，称为最大弯度位置，以 x_f 表示。最大弯度位置与弦长之比称为最大弯度的相对位置，以 $\bar{x}_f$ 表示，即 $\bar{x}_f=\frac{x_f}{c}$
厚度	最大厚度，以 t 表示。最大厚度与弦长之比称为最大相对厚度，以 $\bar{t}$ 表示，即 $\bar{t}=t/c$。 最大厚度的 x 坐标称为最大厚度位置，以 x_t 表示。最大厚度位置与弦长之比称为最大厚度的相对位置，以 $\bar{x}_t$ 表示，即 $\bar{x}_t=x_t/c$
前缘半径	翼型前缘曲率圆的半径称为前缘半径，以 r_1 表示。前缘半径与弦长之比称为前缘相对半径，以 $\bar{r}_1=r_1/c$ 表示
后缘角	翼型后缘上、下两弧线切线的夹角称为后缘角，以 2τ 表示

3.2.2.2 翼型的分类

早期的飞机，由于人们没有体会到翼型的作用，所以，曾采用平板和弯板翼型。后来，随着理论研究和实践研究的不断深入，人们已经认识到翼型的重要性和它对升力所起的作用，因此，创造了很多适合各种不同需要的翼型，并通过实验确定出各种不同翼型的空气动力特性。

翼型的种类很多，为了便于直观地区分，通常可以将翼型分为双凸翼型、平凸翼型、对称翼型、凹凸翼型和 S 形翼型五大类，如表 3-3 所述。

表 3-3 翼型的分类

名称	特点	外形图
双凸翼型	上、下弧线都是向外弯曲的，中弧线仍然向上弯曲	
平凸翼型	上弧线向上弯曲，下弧线较为平直，中弧线也向上弯曲。严格来讲，平凸翼型的下弧线很难做到完全平直，其实际上也是双凸翼型的一种，只是为了强调其下弧比较平坦而专门列为一类	

续表

名称	特点	外形图
对称翼型	上、下弧线是对称的，中弧线与弦线重合成一条直线，严格来讲也是双凸翼型的一种，只是为了强调其上、下弧对称而专门列为一类	
凹凸翼型	上、下弧线和中弧线，都向上弯曲	
S形翼型	中弧线形状像横放的 S。通常用于没有水平尾翼的飞翼式飞机上	

当然，以上的分类只是一个为了便于记忆和辨认的非常粗略的分类。在观察一个翼型的时候，最重要的是找出它的中弧线，然后再看它中弧线两旁厚度分布的情况。中弧线弯曲的方式和程度大致决定了翼型的特性，弧线越弯升力系数就越大。在进行设计时要想更准确地了解和比较翼型的空气动力特性，还需要获得不同雷诺数情况翼型的升力、阻力和俯仰力矩随迎角变化的曲线。这些曲线可以通过专门的分析软件计算得到，也可以通过风洞试验获得。这些曲线情况将在本章后面的部分进行介绍。

3.3 升力影响因素及失速

飞机的升力大小受到多方面因素的影响，这里对这些因素的影响规律进行归纳，并对失速的概念进行介绍。

3.3.1 影响升力的因素

在飞机设计过程中，设计师总是希望飞机的升力足够大而阻力很小，以便于达到更好的飞行性能。但是从物理角度出发，飞机的升力是同时受到多方面因素制约的。经过理论计算和试验证明，升力公式可表达为：

$$L=\frac{1}{2}\rho V^2 C_L S \tag{3.1}$$

式中，L 为升力，ρ 为密度，V 为空气速度，C_L 为升力系数，S 为机翼面积。从式（3.1）可以看出，机翼的升力受到空气密度、空气速度、升力系数、机翼面积的影响。

（1）空气密度的影响

升力的大小和空气密度成正比，密度越大，则升力也越大，当空气很稀薄时，机翼上产生的升力也就很小。因此，在高空飞行时由于空气密度的下降，为了满足升力的要求，往往需要飞机有较大的飞行速度和机翼面积。

（2）速度的影响

这里的速度是指气流速度，即空气和飞机的相对速度。气流速度越大那么我们所感受到的风力也就越大。飞机的空气动力也是一样，当气流速度越大时，产生的空气动力也就越大，机翼上产生的升力也就越大。但升力与气流速度并不是成简单的正比关系，而是与气流速度的平方成正比。

（3）机翼外形、剖面形状和迎角的影响

机翼的剖面形状和迎角不同，则产生的升力也不同，这一特性可以用升力系数随迎角和机翼外形、翼型形状的变化来表示（图3-9）。因为不同的机翼外形和剖面形状和不同的迎角，会使机翼周围的气流流动状态（包括流速和压强）等发生变化，从而导致升力的改变。不同的翼型在同一迎角下的升力系数是不同的。

（4）机翼面积的影响

机翼是飞机升力的主要产生部件，升力的大小与飞机机翼面积的大小成正比。在计算机翼面积的时候，要连同计算与机翼相连接的那部分机身的面积。

■ 3.3.2 失速的含义

机翼上产生升力的大小，与翼型的形状和迎角有很大关系，迎角不同产生的升力也不同。一般来讲，不对称的流线翼型在迎角为零时仍可产生升力，而对称翼型和平板翼型这时产生的升力却为零（图3-9）。随着迎角的增大，升力也会随之增大，但当迎角增大到一定程度时，气流就会从机翼前缘开始分离，尾部会出现很大的涡流区，这时，升力会突然下降，而阻力却迅速增大，这种现象称为"失速"，如图3-10所示。失速刚刚出现时的迎角叫"临界迎角"。

对于整个机翼或整架飞机来说，随着迎角的增大，升力也会随之增大，但当迎角增大到一定程度时，气流就会从机翼前缘开始分离，尾部会出现很大的涡流区，导致升力突然下降、阻力迅速增大，出现失速。飞机不应以接近或大于临界迎角的状态飞行，否则，会使飞机产生失速，甚至造成飞行事故。

如果以升力系数的形式表示升力随迎角的变化，则如图3-9所示。在临界迎角之前，升力系数随迎角的增加而几乎呈直线增加。但当迎角大于临界迎角之后，升力系数则迅速下降。

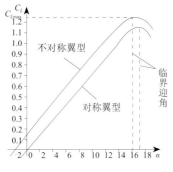

图 3-9 升力系数随迎角的变化

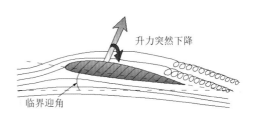

图 3-10 "失速"

3.4 阻力及其减阻方式

飞机在空中飞行时由于空气的阻滞会产生阻力。飞机在飞行时，不但机翼上会产生阻力，飞机的其他部件如机身、尾翼、起落架等都会产生阻力，但机翼阻力占飞机总阻力的很大一部分。

低速、亚声速飞机上的阻力按其产生的原因不同可分为摩擦阻力、压差阻力、诱导阻力和干扰阻力等。当飞机进入跨声速之后，还会受到激波阻力。

3.4.1 阻力的分类

（1）摩擦阻力

摩擦阻力是由于大气的黏性而产生的。当气流以一定速度流过飞机表面时，由于空气的黏性作用，空气微团与飞机表面发生摩擦，阻滞了气流的流动，因此产生了摩擦阻力。

摩擦阻力的大小，取决于空气的黏性、飞机表面的状况、表面气流的流动情况以及同气流接触的飞机表面积的大小。空气的黏性越大，飞机表面越粗糙，飞机的表面积越大，则摩擦阻力越大。为了减小摩擦阻力，应在这些方面采取必要的措施。如，设计时应尽可能缩小飞机与空气相接触的表面积，制造过程中应将飞机表面做得很光滑，有的高速飞机甚至将表面打磨光，维护使用中，保持好飞机表面光洁度。

（2）压差阻力

压差阻力是由于流过物体的气流，在物体的前后存在压力差而导致的，物体前缘压力大，后缘压力小。压差阻力与物体的迎风面积有很大关系，物体的迎风面积越大，压差阻力也越大。

物体的形状对压差阻力也有很人影响。如果把一个圆形平板垂直地放在气流中［图3-11（a）］，由于气流受到平板的阻拦，平板前面压强迅速升高，而在平板后面形成了低压区，因此，会产生很大的压差阻力。

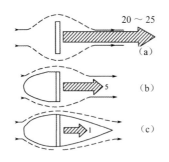

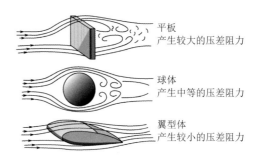

图3-11 压差阻力大小随物体形状变化的示意　　图3-12 流过不同形状物体的气流及产生的压差阻力的大小对比

如果在圆形平板前加一个圆锥体［图3-11（b）］，平板前面的高压区被圆锥体填满了，气流可以平滑地流过，压强不会急剧升高，虽然平板后面的低压区仍存在，但前后压强差却大大减小，其压差阻力降为原平板压差阻力的五分之一左右。

如果在圆形平板后面再加一个细长的圆锥体［图3-11（c）］，低压区也被填满，整个流线体后面只出现很少的旋涡，此时的压差阻力只是原平板压差阻力的二十分之一左右。

要减小压差阻力，应尽可能将暴露在空气中的各个部件或零件做成流线形的外形，并减小迎风面积；对飞机的各个部件进行整流，如给不能收起的起落架和活塞式发动机加装整流罩。进行整流也要选择合适的外形，图3-12是不同形状的物体压差阻力大小的对比。从图中可以看出，具有像翼型一样外形的物体，压差阻力最小。

（3）诱导阻力

诱导阻力是伴随着升力而产生的，如果没有升力，诱导阻力也就等于零。因此，这个由升力诱导而产生的阻力叫"诱导阻力"，又叫"升致阻力"。

飞机的诱导阻力主要来自翼面，当飞机飞行时，下表面压强大，上表面压强小，

图3-13 气流绕翼尖的流动情况

由于机翼翼展的长度有限，下表面的气流就力图绕过翼尖流向上表面，如图3-13所示。

这样在翼尖处就不断形成旋涡。随着飞机向前飞行，旋涡就从翼尖向后流去，并产生向下的下洗流 ω，在下洗流的作用下，原来的气流速度由 V 变为 V'，两者之间的夹角为 ε，如图3-14所示。由 V' 所产生的升力 Y' 是垂直于 V' 的。而 Y' 又可分解为垂直于 V 的分量 Y 和平行于 V 的分量 D。其中 Y 起着升力的作用，而 D 则起着阻碍飞机飞行的作用。因此，由于下洗流的影响产生的这个附加的阻力就是"诱导阻力"。

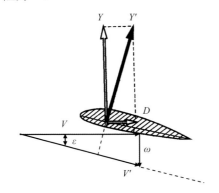

图3-14 诱导阻力产生的原因

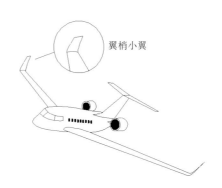

图3-15 客机机翼上的翼梢小翼

诱导阻力与机翼的平面形状、翼剖面形状、展弦比等有关。可以通过增大展弦比，选择适当的平面形状（如椭圆形的机翼平面形状），增加翼梢小翼等措施来减小诱导阻力。现代客机为了减小诱导阻力往往在翼尖安装翼梢小翼，如图3-15所示。

（4）干扰阻力

所谓"干扰阻力"就是飞机各部件组合到一起后由于气流的相互干扰而产生的一种额外阻力。这使得飞机的各个部件，如机身、机翼和尾翼等，单独放在气流中所产生的阻力总和并不等于它们组合在一起所产生的阻力，而往往是后者大于前者。

如图3-16所示，当把机翼和机身组合到一起时，机身和机翼之间就形成了一个先收缩后扩张的通道。这种通道使得气流在流动的过程中压强由小变大，因此，导致后边的气流有往前回流的趋势，并形成一股逆流。这股逆流与不断由通道流过来的气流相遇，产生很多的旋涡，从而产生了一种额外的阻力，即由各部件相互干扰而产生的"干扰阻力"。

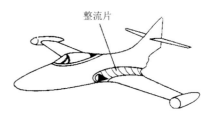

图3-16 采用整流片减少干扰阻力

干扰阻力和飞机不同部件之间的相对位置有关，因此，在设计时要妥善地考虑和安排各部件的相对位置，必要时在这些部件之间加装流线形的整流片，使连接处圆滑过渡（图3-16），尽量减小旋涡的产生。

以上是低速飞机所产生的四种阻力。飞机在接近声速和超过声速飞行时所产生的阻力，除了以上四种之外，还有激波阻力。

（5）激波阻力

飞机在空气中飞行时，前端对空气产生扰动，这个扰动以扰动波的形式以声速传播，当飞机的速度小于声速时，扰动波的传播速度大于飞机前进速度，因此它的传播方向为四面八方；而当物体以声速或超声速运动时，扰动波的传播速度等于或小于飞机前进速度，这样，后续时间的扰动就会同已有的扰动波叠加在一起，形成较强的波，空气遭到强烈的压缩而形成了激波。

空气在通过激波时，受到薄薄一层稠密空气的阻滞，使得气流速度急骤降低，由阻滞产生的热量来不及散布，于是加热了空气。加热所需的能量由消耗的动能而来。在这里，能量发生了转化——由动能变为热能。动能的消耗表示产生了一种特别的阻力。这一阻力由于随激波的形成而来，所以就叫做"波阻"。从能量的观点来看，波阻就是这样产生的。

不同头部形状的机翼和机身，在进行超声速飞行时，所产生的激波形式是不一样的。如图3-17所示，钝头机翼和机身所产生的激波为正激

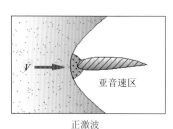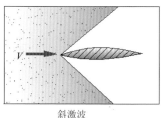

正激波   斜激波

图3-17 不同头部形状对激波的影响

波，尖头机翼和机身所产生的激波为斜激波。正激波的阻力远大于斜激波的阻力。因此超声速飞机往往都采用尖前缘机翼和尖机头。

除了采用尖前缘机翼和尖机头外，使用后掠翼、采用超临界翼型，都可以在一定程度上减小波阻。因此，通过观察机翼前缘的尖锐程度、机翼的后掠角可以大致判断飞机是低速飞机、亚声速飞机还是超声速飞机。

■ 3.4.2 阻力系数

为了研究方便，通常也采用无量纲系数的方法来表示飞机的阻力特性。飞机的阻力公式可以表达为：

$$D=\frac{1}{2}\rho V^2 C_D S \tag{3.2}$$

式中，D 为阻力，ρ 为空气密度，V 为空气速度，C_D 为阻力系数，S 为机翼面积。从这个公式可以看出，飞机的阻力受到空气密度、空气速度、阻力系数、机翼面积的影响。

■ 3.5 升阻比的含义及其提高措施

在空气动力学中，升阻比是指飞行器在同一迎角下升力与阻力的比值。升阻比是一个非常重要的飞行参数，它直接与经济性能和航时等参数相关。飞行器的升阻比越大，其空气动力性能越好，对飞行越有利，也会有较佳爬升性能。在无动力的情况下升阻比就等于滑翔比，即下降单位高度所能滑翔前进的距离，如升阻比为20的滑翔机，以这个升阻比飞行时，每下降 1m 的高度，可以向前滑翔 20m。

升阻比的大小与迎角的大小密切相关，如图 3-18 所示，随着迎角 α 的增加，升阻比（L/D）先增加后减小，最大升阻比（$[L/D]_{max}$）并不出现在小迎角下，也

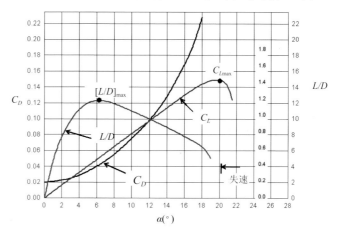

图 3-18 飞机升力系数、阻力系数、升阻比随迎角的变化

不出现在大迎角下。有的读者可能会问为什么阻力系数最小的时候，或者升力系数最大（C_{Lmax}）的时候，却不是升阻比最大的时候呢？这一点可以通过对图 3-18 的分析给出。该图给出了阻力系数、升力系数和升阻比三条曲线随迎角的变化情况。

从图 3-18 可以看出，阻力系数最低的迎角就不是升阻比最大的迎角，因为该迎角下产生的升力系数也不大，使得升阻比也较小。同样的，升力系数最大的迎角也不是升阻比最大的迎角，因为该迎角下阻力系数可能太大，使得升阻比也较小。最大升阻比的迎角一般会在阻力系数最低的迎角及升力系数最大的迎角之间。

在确定了最大升阻比对应的迎角后，查出该迎角情况下升力系数的大小，再根

据升力的计算公式，又有飞机平飞时升力等于重力这一条件，就可以计算出一定重量的飞机在水平飞行时最大升阻比对应的飞行速度。在设计固定翼飞机时，一般都会让最大升阻比的速度等于巡航速度（长时间飞行的速度），以提升经济性。

不同飞行速度范围的升力特性和阻力特性是不一样的。为了提高飞机的升阻比，对于低速或亚声速巡航的飞机，可以通过采用大展弦比、小后掠角、设置合适的机身/机翼相对安装角等方法实现。对于超声速巡航的飞机，则主要要想办法减小波阻。

通常，飞机的升阻比远低于翼型的升阻比。翼型的升阻比往往能够高到一百多，至少也是几十。而飞机的升阻比最大也就是几十，大部分也就是十几，甚至更低。如滑翔机的最大升阻比 30 ～ 60，轻型飞机的最大升阻比 7 ～ 8，亚声速运输类飞机最大升阻比 16 ～ 18，"协和"号超声速旅客机的最大升阻比为 8 左右，以 8 ～ 10 倍马赫数飞行的高超声速飞行器的最大升阻比 3 ～ 4。

3.6 飞行性能

判断一架飞机的好与坏，需要用一些技术指标来衡量。这就需要涉及飞机的主要飞行性能指标。

飞机的主要飞行性能指标通常包括：飞行速度，航程（或航时、作战半径），升限（理论升限和实用升限），起飞、着陆性能和机动性能。对于特殊用途飞机，则需要根据具体的设计技术指标给出额外的性能参数。当然，对于一架飞机来说，起飞重量也是一项非常重要的技术指标，它是讨论飞机飞行性能指标的基础；在实际应用中，如果不考虑起飞重量而只讨论上述飞行性能指标是不现实的。

3.6.1 飞行速度

飞行速度是飞机在空中飞行中最为关键的参数，因为根据升力的产生原理，飞机没有相对于空气的速度，就不能产生升力，也就没法实现在空中飞行。

3.6.1.1 飞行速度指标

飞行速度指标包括最大平飞速度、最小平飞速度和巡航速度。对于军用飞机更看重的是最大飞行速度，而民用飞机则讲究经济效率而更多地衡量巡航速度。

（1）最大平飞速度

最大平飞速度是指飞机水平直线平衡飞行时，在一定的飞行距离内（一般应不小于 3 千米），发动机推力在最大状态下，飞机所能达到的最大飞行速度。它是一架飞机能飞多快的指标。

要提高飞机的最大飞行速度，首先要减小飞机的飞行阻力，另外还要增加发动机的推力，但应注意随着发动机推力的增加，发动机本身重量和尺寸也随之增加，燃油消耗也增加，并导致飞机重量和空气阻力增大。而且，随着飞行速度的增加，当速度接近于声速或超过声速时，飞机上将产生"激波"，此时，飞机阻力将急剧增加。因此，为了大幅度提高飞行速度，往往还需要改变飞机的外形。

（2）最小平飞速度

最小平飞速度是指飞机在水平直线平衡飞行时，所能达到的最小飞行速度。这个速度的大小取决于飞机的失速速度的大小。飞机在起飞时的离地速度不能小于这个速度，飞机着陆时的接地速度也与该速度接近，否则就会出现失速。

（3）巡航速度

巡航速度是指发动机每千米消耗燃油量最小情况下的飞行速度。巡航速度显然要大于最小平飞速度而小于最大平飞速度。飞机以巡航速度飞行最经济，因此巡航速度通常也被称为经济速度。

测量飞机的实际飞行速度，往往可以采用空速计、GPS 等方法，前者测量出来的是空速，后者测量出来的是地速。

图 3-19 所示是一种常见的用于显示飞机空速的指针式仪表，上面将速度分成几个区。其中，绿色区域是安全飞行的区域，可以进行长时间飞行；黄色区域是大飞行速度的警告区，不宜进行长时间飞行；在低于绿色区域的下限或高于黄色区域的上限进行飞行都是不允许的，前者会导致飞机失速，后者会导致飞机解体。

图 3-19 空速表

3.6.1.2 地速与空速

飞机的飞行速度通常可以用地速和空速来表示。所谓地速是指飞机在空中飞行相对于地面的速度，通常用加速度积分的方式或 GPS 的方式或雷达的方式进行测量；所谓空速是指飞机相对于空气气流的速度，可以用气压式空速计测量空速。两者之间的差异在于风速。当飞机顺风飞行时，地速大于空速；当飞机逆风飞行时，空速大于地速。

说到气压式空速计，这里有必要介绍其测量的基本原理。气压式空速计是一种通过感受压力来间接测量相对气流速度的仪表。一般在飞行器的前端，都有一根细杆，它就是空速管（图3-20）。空速管的正前端开有总压孔，在稍后面垂直侧壁方向开有一圈静压孔，总压孔和静压孔分别和两个压力传感器相连，或和气压测量膜盒相连。空速管正对气流时，前端气流形成驻点，速度为零，这点的气压为总压；侧壁的静压孔因其与气流方向垂直，感受到的压力与气流速度无关，因此它感受的是大气静压。

根据伯努利方程，动压等于总压减去静压，即

$$\frac{1}{2}\rho V^2 = 总压 - p \tag{3.3}$$

式中，$\frac{1}{2}\rho V^2$ 为动压，ρ 为空气密度，V 为相对于空气的速度；p 为静压。

静压是指流体在流动过程中，流体本身实际具有的压力，即运动流体的当地压力。对于飞机来说，飞机静压是指该飞行高度上未受飞机扰动时的大气压力。飞机的动压是指空气以速度 V 流动时由流速产生的附加压力。根据动压的表达式，再知道了当地的空气密度就能求出空速，而空气密度则可以根据空气密度和高度的函数关系求得。

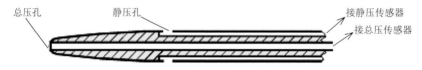

图 3-20 空速管的构造原理图

3.6.1.3 马赫数

在前面，我们介绍过，空气有一个特性就是压缩性。而为了考虑空气的压缩性，就必须考虑声速这个因素。声速越大，空气就越难压缩。另一个应考虑的因素是飞行器的运动速度。运动速度越大，则施加给空气的压力就越大，空气被压缩得也越厉害。由此可见，空气被压缩的程度，与声速成反比，而与飞机飞行速度成正比。因此，要衡量空气被压缩程度的大小，可以把这两个因素结合起来。这就是我们经常会提到的马赫数，通常以 M_a 来表示，即

$$M_a = \frac{V}{a} \tag{3.4}$$

式中，V 为在一定高度上飞行器的飞行速度（空速）；a 为该处的声速，空气中的声速随高度的变化而变化。

马赫数是衡量飞行过程中空气被压缩程度的一个指标。马赫数越大，空气被压缩得越厉害，马赫数小到一定程度则可以忽略空气的压缩性。根据马赫数 M_a 的大小，可以把飞行器的飞行速度范围划分为低速、亚声速、跨声速、超声速和高超声速（表3-4）。低速情况不需要考虑空气的压缩性，其他情况都需要考虑空气的压缩性。

表 3-4 飞行速度的范围

飞行速度范围	特点
低速飞行 $M_a \leqslant 0.4$	可以不考虑空气压缩性的影响，也就是说，可把空气看成密度不变的不可压缩流体来分析
亚声速飞行 $0.4 < M_a \leqslant 0.85$	需要考虑空气的压缩性。但压缩性对飞行的影响只有量的变化，无质的突破
跨声速飞行 $0.85 < M_a \leqslant 1.15$	M_a=0.85 左右，飞行器表面气流的局部流速可达到声速，开始出现激波；随着马赫数的增大，超声速区域逐渐扩大，一直持续到 M_a=1.15 左右，流动呈现亚声速和超声速共存的局面。在跨声速区域内，气流分离现象严重，空气阻力剧增，飞行稳定性变坏
超声速飞行 $1.15 < M_a \leqslant 5.0$	当马赫数超过 1.15 以后，整个流场都达到超声速，流动的性质与亚声速相比有本质上的不同
高超声速飞行 $M_a > 5.0$	高超声速飞行时飞行器前缘由于气流受到强烈的压缩，会出现温度达数千摄氏度的激波层。这样高的温度会使周围的空气分子分解甚至电离，给飞行器的设计和制造带来许多新问题

3.6.1.4 音障、热障

飞机诞生的起初，飞行速度并不快，都处于低速飞行范围。但随着需求的不断提高，人们越来越希望飞机能够飞得更快。在 20 世纪 40 年代，采用活塞发动机的飞机的平飞速度达到每小时 700 多千米，但对于活塞发动机来说这个速度已经是极限。此后，喷气式发动机的诞生，使得飞机的速度进一步提高，在俯冲时速度几乎接近声速。此时，飞机会发生剧烈的抖振，变得不稳定，几乎失去可操纵性。有时抖振太剧烈会使飞机结构发生破坏，造成飞机失事。这种现象就是"音障"。"音障"是在飞机速度不断提高的过程中遇到的第一个关口。为了突破音障，需要在飞机设计方面采用一些特殊措施，减小激波阻力，最明显的设计就是要采用后掠机翼。世界上第一架突破音障的飞机是美国的 X-1 研究机，驾驶这架飞机的是著名飞行员耶格尔，当时这架飞机飞行速度达到了 1.06 倍的声速。

当飞机突破音障后进入超声速飞行时，所形成的激波传到地面上会形成如同雷鸣般的爆炸声，这就是所谓"音爆"现象。音爆过大可能会对地面的居民和建筑物造成损害。"音爆"强度同飞机的飞行高度（强度随着离开飞机的距离增加而减小）、飞行速度、飞机重量、飞行姿态以及大气状态等都有关系。为防止噪声扰民和"音爆"现象，一般规定在城市上空 10 千米的高度之下不得作超声速飞行。飞机在空气湿度较大的海上进行超声速飞行时，空气中的水蒸气还会由于激波的作用产生如图 3-21 的圆锥形雾团。

飞机突破"音障"以后，随着速度的进一步提高，又遇到了一个新的关口，这就是"热障"。当飞机以超声速飞行时，飞机表面附面层中的空气受到了强烈的摩擦阻滞和压缩，速度大大降低，动能转化为热能，使飞机表面温度急剧增高。比如飞机以 Ma=2.0 在同温层飞行时，飞机头部和机翼前缘的温度可达到 120℃，当飞行速度提高到 Ma=3.0 时，飞机头部的温度可达到 370℃，此时，作为飞机主要结构材料的铝合金，其材料性能随温度升高而急剧下降，因此已不能在如此高温环境下长期工作，从而造成飞机结构的破坏。

概括起来，气动加热使结构强度和刚度降低，飞机的气动外形受到破坏，危及飞行安全；这种由气动加热引起的危险障碍就称为"热障"。世界上第一架突破热障的飞机是美国的 X-2，驾驶这架飞机的飞行员是阿普特，当时的飞行速度达到了 3.2 倍声速，可不幸的是在完成这次突破后，意外地发生了机毁人亡的事故。图 3-22 是"阿波罗"登月飞船指挥舱再入大气层时的表面温度，从图中可以看出，此时飞船的表面温度已经非常高了。

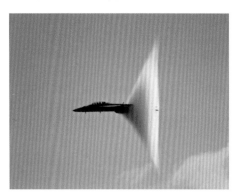

图 3-21 美国 F-18 超声速飞行时产生的斜激波

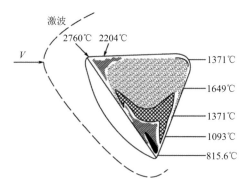

图 3-22 美国"阿波罗"登月飞船指挥舱再入
大气层时的表面温度

当然，在飞机其他表面处，温度一般要比机头和机翼前缘的温度低一些，但由于空气黏性的作用，附面层内气流流速受到滞止，表面上的温度也是相当高的。因此，机内设备、人员也需要隔热、防热。由于人所能承受的温度最高大约是 40℃，而飞机上的设备如无线电、航空仪表、雷达、橡胶、有机玻璃、塑料等其工作温度一般也不超过 80℃。因此如何保护机内的人员、设备不受伤害，也是应对"热障"时需要解决的重要问题之一。

目前解决热障的方法主要有：用耐高温的新材料如钛合金、不锈钢或复合材料来制造飞机重要的受力构件和蒙皮；用隔热层来保护机内设备和人员；也可以采用水或其他冷却液来冷却结构的内表面等。如美国 SR-71 飞机，93%的机体结构采用钛合金，就顺利地越过了热障，在当时创造了 3.3 倍声速的世界纪录。

SR-71 飞机的总设计师是美国著名飞机设计师约翰逊（图 3-23）。约翰逊 1932 年毕业于密歇根大学，1933 年进入洛克希德公司担任预先发展型号部（"鼬鼠工程队"）的负责人，直到 1975 年退休。约翰逊在大学时期就提出一种双垂直尾翼方案，先后在几种飞机上采用。他因纠正"伊列克特拉"运输机设计上的某些错误而引起人们的注意。他设计的双尾撑驱逐机 P-38 是第二次世界大战中的优秀飞机之一。20 世纪 40 年代中期，约翰逊设计出美国第一种实用的喷气式战斗机 F-80，以后又研制出两倍声速的 F-104 战斗机。在约翰逊设计的飞机中，最著名的是 U-2 高空侦察机和 3 倍声速的 SR-71 远程战略侦察机。

图 3-23 著名飞机设计师 约翰逊（美国）

■ 3.6.2 航程

航程是衡量一架飞机能够飞多远的指标，为了追求大的航程，提高经济效益，在设计过程中要优化气动外形减小空气阻力，增大升阻比，减小燃油消耗率。航程通常用来表示运输类飞机能够飞多远。有时也用航时来衡量飞机能够飞得多远。对于战斗机，由于完成作战后还必须返回原起飞场地，因此通常还用作战半径来衡量飞机能够飞多远；为了增加作战半径，

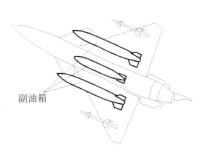

副油箱

图 3-24 携带副油箱的歼 -10 战斗机（中国）

战斗机通常还携带副油箱（图 3-24），在飞行中优先使用副油箱，待副油箱中的油料用完之后，再把副油箱丢掉，以减轻飞机的重量和阻力。

■ 3.6.3 升限

升限用来衡量飞机做水平飞行时所能达到的高度。由于空气密度的变化，随着高度的增加发动机的推力呈下降趋势，当飞机达到某一高度时，发动机已不再有剩余功率来提高飞机的高度，飞机只能在此高度维持水平飞行，这一高度称为理论升限。在实际的飞行中为了使飞机具有较好的操控性，不会使飞机刚好处于临界的高度上，一般取最大垂直上升速度为 5 米 / 秒时的高度为实用升限。飞机的垂直上升或下降速度通常用如图 3-25 所示的升降速度表显示。

上面所说的升限是指飞机能够进行水平飞行的最大高度，称为静升限；实际上飞机还可以通过跃升的办法达到更高的高度（即用动能转换为势能），称为动升限（图3-26）。

图 3-25 升降速度表

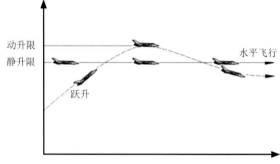

图 3-26 飞机的静升限和动升限

飞机通常不是在升限附近工作的，而是在低于甚至远低于升限的高度飞行。衡量飞机飞得多高，在实际中，不同的场合往往采用不同的高度指标，如：绝对高度、相对高度、真实高度、标准气压高度，这几种高度之间的相对关系如图3-27所示。

① 绝对高度：距实际海平面的垂直距离。

② 相对高度：距选定的参考面（如起飞或着陆的机场地平面）的垂直距离。

③ 真实高度：距飞行器正下方地面的垂直距离。

④ 标准气压高度：距国际标准气压基准平面的垂直距离。

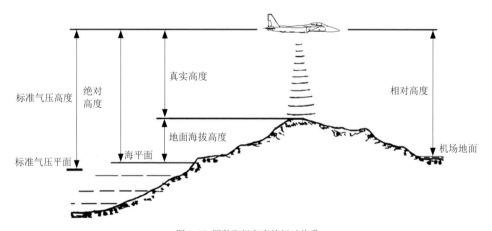

图 3-27 四种飞行高度的相对关系

起飞着陆时通常使用起降场地的相对高度，执行低空飞行、轰炸、照相等任务时使用真实高度，空中交通管制分层飞行使用标准气压高度，飞行性能描述使用绝对高度等。

飞行高度的测量最常用的方法有气压测高、无线电测高、GPS 测高等方法。所测量的高度还可以用仪表进行显示，如图 3-28 所示的是一种常用的指针式高度表。

图 3-28 指针式高度表

3.6.4 起飞、着陆性能

飞机的起飞和着陆是两个重要的飞行状态，起飞和着陆性能的好坏有时甚至会影响到飞机能否顺利完成正常的飞行任务。

飞机的起飞过程是一种加速飞行的过程，它包括地面加速滑跑阶段和加速上升到安全高度 h 两个阶段，图 3-29 描述了飞机的起飞过程。起飞离地速度越小，起飞距离越短，说明起飞性能越好。为了减小飞机的起飞距离，可以采用增升装置来增大升力；也可以增加推力来加速，如可以采用助推火箭增大推力，减少加速所需时间。另外对于舰载飞机还可以采用弹射起飞的方法减小起飞距离。

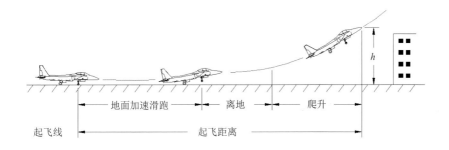

图 3-29 飞机的起飞过程

飞机的着陆过程是一种减速飞行的过程，它包括下滑、拉平、平飞减速、飘落触地和着陆滑跑五个阶段，图 3-30 描述了飞机的着陆过程（从安全高度 h 开始）。飞机的着陆速度越小，着陆距离越短，着陆性能就越好，飞行安全性也越高。为了提高飞机的着陆性能，可以打开机翼上的扰流片来减小升力；还可以采用反向推力装置产生负推力（图 3-31）；也可以在飞机接地后打开减速伞（图 3-32）或阻力板（图 3-33）和采用刹车来增加阻力。对于舰载飞机还可以采用甲板上的拦阻索钩住飞机下部的拦阻钩来减速（图 3-34）。

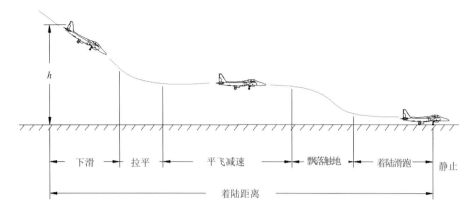

图 3-30 飞机的着陆过程

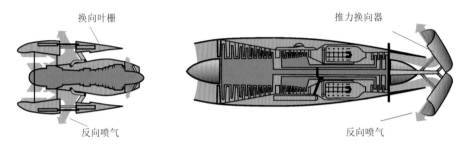

图 3-31 喷气式发动机的反向推力装置

图 3-32 战斗机采用减速伞进行着陆减速

图 3-33 战斗机采用阻力板进行减速

图 3-34 舰载机采用拦阻索进行减速

■3.6.5　机动性能

飞机的机动性是指飞机在一定时间间隔内改变飞行状态的能力。对飞机机动性的要求，取决于飞机要完成的飞行任务。在夺取空战优势时，飞机的机动性起着相当重要的作用，所以机动性是军用飞机重要的战术性能指标。对于战斗机而言，要进行空中格斗，对机动性要求就很高。对于运输机，一般不要求在空中作剧烈动作，机动性要求就低。

飞机的机动根据所绕的轴的不同，可以分为纵向机动和横侧向机动。

3.6.5.1　纵向机动

所谓纵向机动是指飞机在空中进行绕俯仰轴（横轴）的机动。以下简要介绍几种常见的纵向机动。

（1）俯冲

俯冲是飞机将势能转化为动能、迅速降低高度、增大速度的机动飞行，作战飞机常借此来提高轰炸和射击的准确度。俯冲过程分为进入俯冲、俯冲和改出俯冲三个阶段（图3-35）。

（2）筋斗

飞机在铅垂平面内作轨迹近似椭圆，航迹方向改变360°的机动飞行，称为筋斗飞行（图3-35）。筋斗飞行由爬升、倒飞、俯冲、平飞等动作组成，它是衡量飞机机动性的基本指标

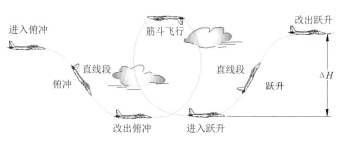

图3-35　俯冲、筋斗和跃升飞行

之一。完成一个筋斗所需的时间越短，机动性越好。战斗机和特技飞机不仅能作正筋斗（图3-35所示，飞行员头部指向椭圆内），还能做倒筋斗（飞行员头部指向椭圆外）；有时候还做斜筋斗，即飞机做筋斗的平面与水平面的夹角小于90°。而运输类飞机不能做筋斗动作。

（3）跃升

跃升是将飞机的动能转变成势能，迅速取得高度优势的一种机动飞行。跃升性能的好坏由跃升增加的高度 ΔH 及所需的时间来衡量（图3-35）。飞机在做跃升机动后的高度可大大超过飞机的静升限。例如，某歼击机的实用升限为19500米，当

在 13500 米高度上以 M_a=2.05 的速度进行跃升后，飞机可达到 23000 米的高度。

（4）过失速机动

飞机的过失速机动是一种非常规机动动作，也称为"超机动"。它是指当飞机实际迎角超过失速迎角、在飞行速度很小的状态下，飞机还能处于受控状态，仍能按照有关操纵指令，迅速改变飞行速度矢量和机头指向的一种战术机动。这种过失速机动有利于快速发射和躲避格斗导弹，有效攻击敌机和保护自己。

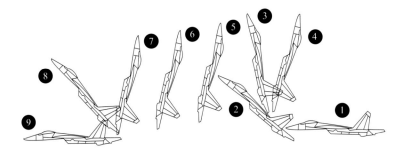

图 3-36 苏 -27 战斗机的"普加乔夫眼镜蛇"机动

眼镜蛇机动是著名的过失速机动动作，是由苏联的苏 -27 战斗机首先试飞成功的。1989 年 6 月在巴黎航展上，苏联著名试飞员普加乔夫第一次在全世界面前表演了眼镜蛇机动，震惊全场，因此这一机动动作又被称为"普加乔夫眼镜蛇"机动（图 3-36）。

3.6.5.2 横侧向机动

所谓横侧向机动是指飞机在空中进行绕滚转轴（纵轴）和偏航轴（立轴）的机动。以下简要介绍几种常见的横侧向机动。

（1）盘旋飞行

飞机在水平面内作等速圆周飞行，叫做盘旋飞行（图 3-37）。通常坡度（坡度即指飞机左右两侧机翼倾斜的程度）小于 45º 时，叫做小坡度盘旋；大于 45º 时，叫做大坡度盘旋。盘旋是指完成了一周以上的带坡度飞行，而如果没有完成一周，则称为转弯。飞机的盘旋半径越小，则机动性越好。

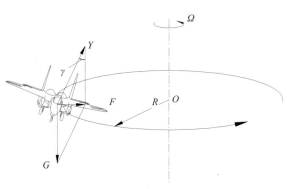

图 3-37 飞机盘旋飞行

在飞行速度不变的情况下，如果要求机动性越好，则需要盘旋一周所需的时间越短、盘旋半径越小，所需的坡度越大，所需的升力也越大，飞机的受载也越严重。

（2）战斗转弯

同时改变飞行方向和增加飞行高度的机动飞行称为战斗转弯（图3-38）。空战中为了夺取高度优势和占据有利方位，常用这种机动飞行动作。

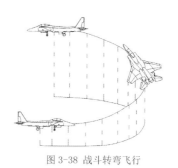

（3）横滚

横滚指航空器绕机体纵轴滚转的飞行（图3-39），有的横滚完成一周以上，有的横滚可能完成不到一周。

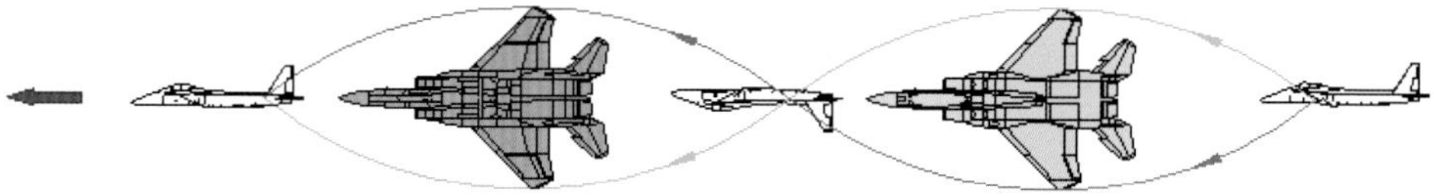

图 3-38 战斗转弯飞行

图 3-39 横滚飞行

■ 3.7 从气动外形看飞行性能

飞机的气动外形直接决定飞机的性能，如能飞多快、能飞多高、能飞多远等，这里简单介绍一下目前世界上飞得最快或最高或最远的飞机的情况，并对影响飞行速度的外形因素进行归纳。

■ 3.7.1 飞得最快、最高、最远

飞行器的发展往往可以用上述主要飞行性能表征飞行器设计水平的高低。那么目前飞机的飞行速度、飞行距离、飞行高度能够达到多少呢？最大起飞重量能到什么程度呢？

（1）飞行速度最快、飞行高度最高的飞机

目前世界上飞行最快的飞机要属美国的X-43A无人研究机（图3-40），该机于2009年11月的试飞中达到了9.6马赫的速度。飞行

图 3-40 美国的 X-43A 无人研究机

最快的实用型有人驾驶飞机是美国SR-71"黑鸟"侦察机（图3-41），飞行速度达到3.2马赫。飞行最快的仅用于试验的有人驾驶飞机是美国的X-15A研究机（图3-42），在20世纪60年代，X-15A先后创造了飞行速度6.72马赫、飞行高度108000米的速度与升限的世界纪录，它的试验飞行几乎涉及了高超声速研究的所有领域，并为美国后来水星、双子星、阿波罗有人太空飞行计划和航天飞机的发展提供了极其珍贵的试验数据。

就飞行高度而言，美国的"太空船"2号（图3-43）可以在太空亚轨道上飞行，其设计轨道高度为160～320千米，但出于安全考虑，初期只打算飞到高度100多千米。该飞行器可供游客体验太空失重的感觉，不过价格自然也不菲。

图 3-42 美国 X-15A 研究机

图 3-41 美国 SR-71"黑鸟"侦察机

图 3-43 美国"太空船"2号亚轨道飞行器（中部的可分离部分）

（2）飞行距离最远的飞机

"维珍大西洋环球飞行者"号飞机（图3-44）是目前世界上最新的实现中途不着陆环球飞行的飞机，堪称飞行距离最远的飞机。2005年3月3日，美国冒险家史

图 3-44 美国"维珍大西洋环球飞行者"号飞机

图 3-45 美国"旅行者"号飞机

蒂夫·福塞特驾驶"维珍大西洋环球飞行者"号喷气式飞机实现了单人、不间断、中途不加油的环球飞行纪录，历时约 76 小时。此前，在 1986 年 12 月，美国人迪克·鲁坦和珍娜·耶格尔曾驾驶"旅行者"号螺旋桨式飞机（图 3-45）完成了史无前例的中途不加油、不着陆环球飞行壮举，历时 9 天 3 分 44 秒。值得一提的是，这两种环球飞机都出自美国飞机设计师伯特·鲁坦之手。

（3）起飞重量最大的飞机

目前世界上起飞重量最大的客机是欧洲空中客车公司的 A-380（图 3-46），最大起飞重量 550 吨，堪称"巨无霸客机"，翼展 79.8 米。起飞重量最大的运输机是现乌克兰安东诺夫设计局研制的安 -225（图 3-47），最大起飞重量 600 吨，翼展 88.4 米。

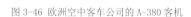

图 3-46 欧洲空中客车公司的 A-380 客机　　　　图 3-47 乌克兰安 -225 大型运输机

■ 3.7.2 气动外形对飞行性能的影响

飞机从其诞生至今已经有一百多年的历史了，发展了形形色色的式样。有的飞机飞行速度比较低，飞行速度也就二三百千米 / 小时；而有些飞机其飞行速度则非常大，甚至可以达到几倍的声速。那么如何从外形上区别飞机是低速飞机还是高速飞机呢？

低、亚声速飞机和超声速飞机由于其飞行速度不同，飞行时产生的空气动力也有较大的差异。为了获得较好的气动外形和飞行性能，低、亚声速飞机和超声速飞机在外形上有着很大的不同。它们在外形上的区别主要体现在以下几个方面（表 3-5）。

表 3-5 高速飞机和低速飞机的外形差别

外形参数	差别
展弦比 梢根比	低、亚声速飞机：机翼的展弦比较大（6 ～ 9），梢根比也较大（0.33 左右或更大），如图 3-48 所示。展弦比大有利于减少诱导阻力从而提高升阻比。 超声速飞机：机翼的展弦比较小（2.5 ～ 3.5），梢根比也较小（0.2 左右），如图 3-49 所示

续表

外形参数	差别
后掠角	低速飞机常采用无后掠角或小后掠角的梯形直机翼；亚声速飞机后掠角一般也比较小，前缘后掠角小于35°，如图3-50所示。因为增加后掠角会降低升力的效率，引起起飞与降落距离的增加。 　　超声速飞机一般为大后掠角机翼或三角机翼，前缘后掠角一般为40°～60°，如图3-49所示。因为增加后掠角可以减小波阻
翼型和机头头部形状	低、亚声速飞机：机翼翼型一般为圆头尖尾型，前缘半径较大，相对厚度也比较大（0.1～0.12），如图3-51所示。因为圆头厚翼型失速特性好。 　　超声速飞机：机翼翼型头部为小圆头或尖头，相对厚度也较小（0.05左右），如图3-52所示。因为尖头薄翼型波阻小。 　　机头头部形状也与翼型头部形状的规律相似
机翼和机身的相对长度	低、亚声速飞机：机翼的展长一般大于机身的长度，机身长细比较小（5～7），机身头部较钝，如图3-53所示。 　　超声速飞机：机身的长度大于翼展的长度，机身比较细长，机身长细比较大（＞8），机身头部较尖，如图3-54所示。因为，机身长细比大有利于减小波阻

图3-48 亚声速飞行的B-52轰炸机（美国）

图3-49 超声速飞行的XB-70轰炸机（美国）

图3-50 亚声速的U-2侦察机（美国）

图3-51 低速、亚声速飞机的翼型

图3-52 超声速飞机的翼型

图3-53 亚声速的波音-747客机(美国)

图3-54 超声速的"协和"号客机(英、法)

因此，通过观察一架飞机的外形，就可以大致判定它是低、亚声速飞机还是超声速飞机。

3.8　飞机的操纵

飞机在空中往往需要不断改变飞行姿态，以完成飞行任务，这就需要对飞机进行操纵。这里首先介绍飞机的姿态角等主要飞行参数，并介绍飞机的操纵系统，最后介绍如何通过操纵系统进行飞机的操纵。

3.8.1　飞机的姿态角、迎角和侧滑角

（1）姿态角

姿态角是指飞机的三轴（$o_t x_t y_t z_t$ 坐标系）与地面（$o_d x_d y_d z_d$ 坐标系）的夹角关系，包括俯仰角 φ、滚转角 γ 和偏航角 ψ（图 3-55）。俯仰角是指飞机的纵轴（滚转轴）和水平面之间的夹角。滚转角是指飞机的对称面和通过纵轴的铅垂平面之间的夹角（沿着机身轴线方向看）。偏航角是指飞机的纵轴在水平面的投影和水平面上某参考线之间的夹角，如果该参考线指向正北，则偏航角实际上就是飞机的航向角。

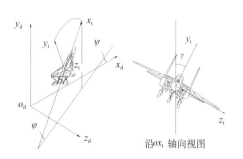

图 3-55　飞机的姿态角

这三种角度在飞行时如果发生变化，则变化的速率称为姿态角速度，包括俯仰角速度、滚转角速度和偏航角速度。

（2）迎角与侧滑角

迎角和侧滑角表示气流和飞机机体之间的相对关系。前面介绍了翼型的迎角，

对于飞机来说迎角的定义也类似，飞机的迎角是指气流方向在飞机对称面上的投影与飞机纵轴之间的夹角 α（图3-56）。飞机的侧滑角是指气流方向与飞机对称面之间的夹角 β（图3-56）。

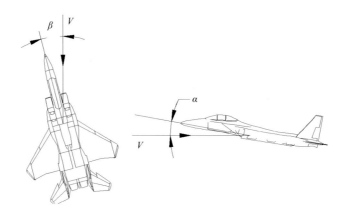

图 3-56 飞机的迎角与侧滑角

迎角和侧滑角的测量可以通过迎角传感器进行测量，这种迎角传感器往往和空速管安装在一起（图3-57），其中的水平叶片用于测量迎角，垂直叶片用于测量侧滑角。

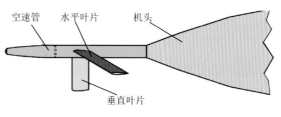

图 3-57 飞机的空速管与迎角传感器

■ 3.8.2 飞机的操纵系统

固定翼飞机通过操纵系统来改变飞机的姿态。这些操纵系统一般包括：① 位于

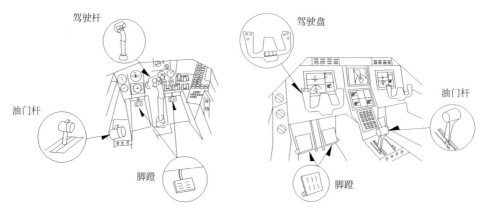

图 3-58 位于驾驶舱的操纵机构（驾驶杆类）　　图 3-59 位于驾驶舱的操纵机构（驾驶盘类）

驾驶舱的驾驶杆（或驾驶盘，或操纵手柄［也称侧杆］）、脚蹬和油门杆，如图3-58～图3-60；②位于翼面上的升降舵、方向舵、副翼等舵面（图3-61～图3-63），位于发动机上的油门；③驱动第②部分构件的机构（如电动舵机、液压舵机、机械摇臂与连杆）；④ 第①和第③部分构件之间的连接构件（传动机构，图3-61～图3-62），早期飞机和一些简易飞机通常通过钢索将①和③相连，后来的飞机多采用液压传动将①和③相连，现代飞机逐步采用电缆将①和③相连（相应的操纵系统称为电传操纵系统，详细情况将在第七章介绍）。

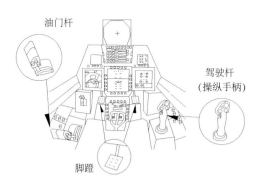

图 3-60 位于驾驶舱的操纵机构（操纵手柄类）

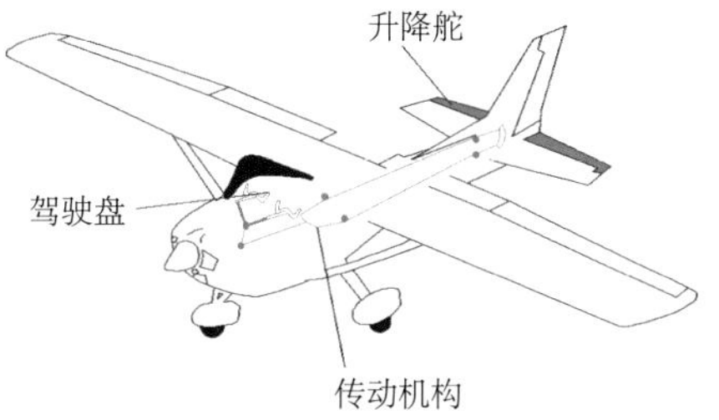

图 3-61 驾驶盘与升降舵的连接关系

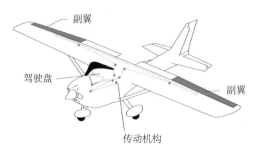

图 3-62 驾驶盘与副翼的连接关系

图 3-63 脚蹬与方向舵的连接关系

无人机的操纵机构及操纵方式与有人机的相似，只不过操纵指令通过地面的遥控器或地面站（图3-64）发出，由位于机上的接收机接收，再通过电缆将指令传递给舵机，执行偏转动作驱动舵面。载人机、无人机也可以用自动驾驶仪控制飞行。

通过油门杆可以控制发动机功率来改变飞行的高度和速度；通过控制升降舵的变化来改变俯仰姿态，形成迎角变化从而改变升力大小和方向，使飞机爬升或下降；通过

图 3-64 用于无人机操纵的地面站

操纵副翼，改变飞机倾斜姿态，形成滚转角变化，改变水平姿态，实现盘旋，甚至实现滚转；通过操纵方向舵引起偏航角的变化，产生侧滑角改变飞机的航向，继而引起水平方向轨迹的变化，但一般来说用方向舵改变水平方向轨迹的效果较差。同时操纵升降舵、方向舵、副翼和油门则可实现任意方向操纵。

■ 3.8.3　飞机的操纵

（1）俯仰操纵

飞机的俯仰操纵是通过偏转升降舵实现的。以载人飞机为例，如图3-65所示，当驾驶员向前推驾驶杆（图中黑色箭头方向）或向前推驾驶盘时，升降舵向下偏转；向下偏的升降舵给机尾一个向上的力，而导致机头向下低头。当驾驶员向后拉驾驶杆（图中驾驶杆处白色箭头方向）或向后拉驾驶盘时，升降舵向上偏转（即后缘向上运动）；向上偏的升降舵给机尾一个向下的力，而导致机头向上抬头。驾驶杆或驾驶盘回到中立位置后，升降舵也回到中立位置，飞机的俯仰变化停止。如果长时间保持升降舵偏转，飞机就能够进行筋斗机动。

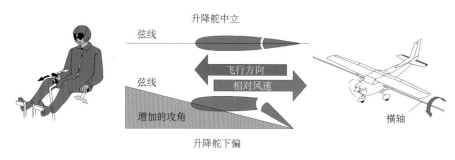

图 3-65 飞机的俯仰操纵

（2）滚转操纵

飞机的滚转操纵是通过偏转副翼实现的。以载人飞机为例，如图3-66所示，当驾驶员向左移动驾驶杆（图中黑色箭头方向）或逆时针转动驾驶盘时，左侧副翼会向上偏转，而右侧副翼则向下偏转。向上偏转的副翼减小所在机翼的升力，而向下偏转的是增加升力，这样驾驶杆向左移动或逆时针转动驾驶盘导致左侧机翼下降而右侧机翼上扬。因此使飞机产生向左的坡度，并开始向左侧转弯。将驾驶杆移动到中立位置或将驾驶盘转动到中立位置，副翼也回到中立位置，这时飞机会保持坡度，并继续转弯，直到施加相反的副翼操纵使坡度为零改为直飞。如果长时间保持副翼偏转，飞机就能够进行横滚。

当驾驶员向右移动驾驶杆（图中驾驶杆处白色箭头方向）或顺时针转动驾驶盘时，

右侧副翼会向上偏转，而左侧副翼则向下偏转，导致右侧机翼下降而左侧机翼上扬，飞机产生向右的坡度，并开始向右侧转弯。将驾驶杆移动到中立位置或将驾驶盘转动到中立位置，副翼也回到中立位置，这时飞机会保持坡度，并继续转弯，直到施加相反的副翼操纵使坡度为零改为直飞。

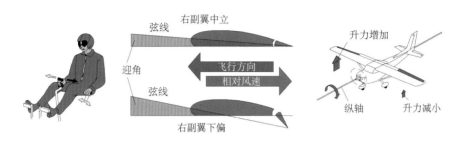

图 3-66 飞机的滚转操纵

（3）航向操纵

飞机的航向操纵（又称方向操纵）是通过偏转方向舵实现的。就载人飞机而言，如图 3-67 所示，当驾驶员蹬左脚蹬时（图中黑色箭头方向），方向舵向左偏转；向左偏转的方向舵会在机身尾部产生向右的力，导致机头向左偏航。当驾驶员蹬右脚蹬时（图中脚蹬处白色箭头方向），方向舵向右偏转；向右偏转的方向舵会在机身尾部产生向左的力，导致机头向右偏航。方向舵脚蹬回中立位置后，方向舵也回到中立位置，飞机停止偏航。

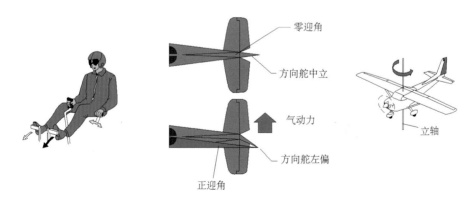

图 3-67 飞机的方向操纵

第四章

直升机的飞行

　　直升机的飞行特点与固定翼飞机具有明显的区别，垂直起降、空中悬停和水平移动这些飞行特性是直升机所特有的。本章从直升机的飞行原理出发，介绍直升机的布局形式、直升机的飞行性能、直升机的组成部件、直升机的操纵、直升机的机动飞行与起降等。

4.1 直升机的飞行原理与布局形式

直升机作为一种重要的旋翼航空器，其通过航空发动机驱动旋翼旋转作为升力和推进力来源，可以在大气中垂直起降及悬停并能进行前飞、后飞、侧飞、悬停回转等飞行科目。相比于固定翼飞机的最本质区别在于，直升机能够依靠旋翼垂直起降，对起降场地的依赖性很小，可以沿任意方向飞行和在空中悬停；而通常意义上的固定翼飞机则只能水平起降，对起降场地的依赖性很大。不过相对于固定翼飞机，直升机飞行速度慢、航程短、飞行高度低、振动和噪声较大，且由于振动大导致直升机的可靠性较差。

当前，直升机在民用和军用的各个领域都得到了广泛的应用，与固定翼飞机相互补充，成为一种不可缺少的航空器。特别是在军用方面，武装直升机在现代战争中发挥的作用越来越大。此外，吊运大型装备的起重直升机以及侦察、救护、森林防火、空中摄影、地质勘探等多用途直升机的应用也非常广泛。

4.1.1 直升机旋翼的工作原理

旋翼是直升机的关键部件，在介绍直升机和其他旋翼机之前有必要先把旋翼的工作原理进行简要介绍，以便读者更好地理解后续的直升机的相关知识。

旋翼由数片（至少两片）桨叶和桨毂构成，形状像细长机翼的桨叶连接在桨毂上（图4-1）。桨毂安装在

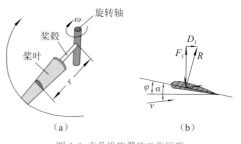

图 4-1 直升机旋翼的工作原理

旋翼轴上，旋翼轴方向接近于铅垂方向，一般由发动机带动旋转。旋翼旋转时，桨叶与周围空气相互作用，产生气动力。

直升机旋翼绕旋翼转轴旋转时，每个叶片的工作都与一个机翼类似。如果沿旋翼旋转方向在半径 r 处切一刀，其剖面形状是一个翼型，如图4-1（b）所示。翼型弦线与垂直于转轴的桨毂旋转平面之间的夹角称为桨叶的安装角（或桨距），以 φ 表示[图4-1（b）]。相对气流 v 与翼弦之间的夹角为该剖面的迎角 α。因此，沿半径方向每段叶片上产生的空气动力 R 可分解为沿桨轴方向上的分量 F_1 和在旋转平面上的分量 D_1。F_1 将提供悬停时需要的拉力。D_1 产生的阻力力矩（绕旋转轴）将由发动机所提供的功率来克服。

旋翼旋转所产生的拉力和阻力力矩的大小，不仅取决于旋翼的转速，而且取决于桨叶的桨距。调节旋翼的转速和桨距都可以达到调节拉力大小的目的。但是旋翼转速取决于发动机的主轴转速，而发动机转速有一个最佳的工作范围，因此，拉力的改变主要靠调节桨叶桨距来实现。但是，桨距变化也将引起阻力力矩变化，所以，在调节桨距的同时还要调节发动机油门，保持转速尽量接近最有利的工作转速。

■ 4.1.2　直升机的布局

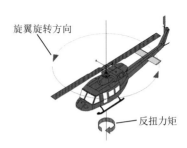

旋翼旋转方向

反扭力矩

图 4-2　旋翼的反作用力矩

旋翼在空气中旋转，会对周围空气产生一个作用力矩。根据牛顿第三定律，空气必定以大小相等、方向相反的力矩作用于旋翼，然后传到直升机机体上，如图 4-2 所示。此时如果不采取平衡措施，这个反作用力矩（也称反扭力矩）会使机体向旋翼旋转的相反方向旋转。因此，为了让直升机在飞行中机体不发生不必要的转动，需要采用一定的方式来平衡这个反作用力矩，这也就使得直升机有不同的布局形式。

直升机按旋翼数量和布局方式的不同可分为单旋翼直升机、共轴式双旋翼直升机、纵列式双旋翼直升机、横列式双旋翼直升机（含交叉式双旋翼直升机）和带翼式直升机等几种类型（图 4-3）。

（a）单旋翼直升机　　　　　（b）共轴式双旋翼直升机　　　　　（c）纵列式双旋翼直升机

辅助翼

（d）横列式双旋翼直升机　　　（e）交叉式双旋翼直升机　　　　（f）带翼式直升机

图 4-3　直升机的布局形式

（1）单旋翼直升机

如图 4-3（a）所示，单旋翼直升机是由一副旋翼产生升力，用尾桨来平衡反作用力矩的直升机。这种直升机构造简单，应用最为广泛，90%以上的直升机都采用这种布局形式。图4-4是一种典型的单旋翼直升机。不过这种直升机也有缺点，那就是尾桨要消耗7%～10%的功率。

图4-4　美国的UH-60"黑鹰"单旋翼直升机

（2）共轴式双旋翼直升机

如图4-3（b）所示，共轴式双旋翼直升机是由两副旋翼沿机体同一立轴上下排列并绕其反向旋转，使两副旋翼反作用力矩相互抵消的直升机，简称共轴式直升机。共轴式直升机结构紧凑、外廓尺寸小，但升力系统较重，操纵机构较复杂。共轴式双旋翼已成功地用于中、小型直升机上（图4-5）。

图4-5　俄罗斯的卡-50"黑鲨"
共轴式双旋翼直升机

图4-6　著名直升机设
计师卡莫夫（苏联）

苏联卡莫夫设计局以研制共轴式双旋翼直升机见长，该设计局是由著名直升机设计师卡莫夫（图4-6）创建的。卡系列共轴双旋翼直升机在世界直升机领域有重要的影响力。

（3）纵列式双旋翼直升机

如图4-3（c）所示，纵列式双旋翼直升机是由两副旋翼沿机体前后排列，反向旋转，使两副旋翼的反作用力矩相互抵消的直升机，简称纵列式直升机。为了减少两旋翼间相互干扰，后旋翼的安装位置通常较前旋翼稍高。纵列式直升机机身较长，使用重心的允许变化范围较大，但其传动系统和操纵

图4-7　美国的CH-47"支奴干"
纵列式双旋翼直升机（上）

系统复杂，前飞时后旋翼气动效率较低。最为著名的纵列式双旋翼直升机要属美国的"支奴干"（图4-7）。

（4）横列式双旋翼直升机

如图4-3（d）所示，横列式双旋翼直升机是由两副旋翼沿机体左右排列，反向旋转，使两副旋翼的反作用力矩相互抵消的直升机，简称横列式直升机。横列式直升机一般带有机翼，左、右旋翼对称地布置在机翼构架上。横列式直升机前飞性能较好，但其构造复杂，结构尺寸大，重量效率低。人类第一架试飞成功的具有正常操作性的载人直升机就采用的是横列式双旋翼布局。横列式双旋翼直升机中，有的直升机的左右两副旋翼的轴线呈V形交叉，称为交叉式双旋翼直升机，如图4-3（e）、图4-8所示。交叉式双旋翼直升机的两副旋翼的转速必须完全一样，且两副旋翼旋转时的相位角的差值必须为一定值。

（5）带翼式直升机

如图4-3（f）所示，带翼式直升机在机体上安装有辅助翼，前飞时辅助翼提供部分升力使旋翼卸载，从而提高了飞行速度，增加了航程，飞行性能也得到了改善。苏联重型直升机米-6（图4-9）即为这种直升机，巡航飞行时旋翼卸载约为总升力的20%，最大飞行速度接近300千米/小时。

图4-8 美国的K-Max交叉式双旋翼直升机　　　图4-9 苏联的米-6带翼式直升机

随着航空技术的发展，直升机也在逐步和飞机相结合，发展成为既能像直升机一样垂直起降和空中悬停，又能够像固定翼飞机一样水平飞行的垂直起降航空器。

■ 4.1.3 直升机的分类

直升机自诞生以来的几十年中发展了各种各样的机型。为了对不同的直升机进行区分，通常可以按照以下几种方法对直升机进行分类。

（1）按起飞重量分类

①超轻型直升机，总重在1吨以内，主要用于航空运动。②轻型直升机，总重1～6吨，如：美国的贝尔-206（图4-10）、EC-120。③中型直升机，总重6～15吨，如：美国的黑鹰、俄罗斯的米-171（图4-11）。④大型直升机，总重15～20吨，如：CH-47（绰号"支奴干"）、美国的CH-53（图4-12，绰号"海上种马"）等。⑤重型直升机，总重20～40吨，可载重8～10吨，如美国的CH-54（图4-13，绰号"空中吊车"）、苏联的米-10（图4-14）等。⑥超重型直升机，总重40吨以上，如苏联的米-6、苏联的米-12（图4-15，绰号"信鸽"）等。有时候也把第①、②类统称为轻型直升机，把第⑤、⑥类统称为重型直升机。需要说明的是，各类直升机的有效载重量约为其最大起飞重量的40%～50%。

（2）按发动机分类

活塞式和涡轮轴式。

（3）按座位数量分类

单座、双座、三座、四座、六座、八座及以上。

（4）按用途分类

可按军用和民用分为两大类。在每一类里又可按专业用途分出很多小类，如军用直升机可分为武装直升机、运输直升机、战斗勤务直升机等。

（5）按设计、首飞年代及性能特征分类

目前比较公认的是将直升机分为四代，关于这四代直升机的特点将在后面详细介绍。

（6）按照旋翼布局分类

单旋翼直升机、共轴式双旋翼直升机、纵列式双旋翼直升机、横列式双旋翼直升机、带翼式直升机。

图4-11 俄罗斯的米-171直升机

图4-10 美国的贝尔-206直升机

图4-12 美国的CH-53"海上种马"直升机

图 4-13 美国的 CH-54 "空
中吊车"直升机　　　　　　图 4-14 苏联的米 -10
直升机　　　　　　　　　图 4-15 苏联的米 -12 "信鸽"
直升机

■ 4.2 直升机的飞行性能与发展历程

了解直升机，读者自然希望能知道直升机的飞行性能包括哪些，直升机的各项飞行指标范围，以及直升机性能的发展。下面将从几方面对读者所关心的这些问题进行阐述。

■ 4.2.1 垂直与水平飞行性能

直升机的飞行性能通常分为垂直飞行性能和水平飞行性能，水平飞行性能又主要用前飞性能表示。

垂直飞行性能包括：①不同高度的垂直上升速度。这一速度要求在定常状态测量。所谓定常状态是指作用在直升机上的力和力矩都处于平衡的、无加速度的运动状态。②静升限。静升限是指悬停飞行时垂直上升速度为零时所对应的极限高度，即最大悬停高度。静升限是个理论值，在实际中是达不到的。实际中通常把垂直上升速度为 0.5 米 / 秒所对应的高度称为实用静升限，或称为实用悬停高度。

直升机前飞性能与固定翼飞机的飞行性能相似。

① 平飞速度范围。主要指在不同高度的巡航速度和最大速度。

② 爬升性能。包括：在不同高度上具有前进速度时的最大爬升率，具有前进速度达到不同高度所需的爬升时间，及可能爬升到的最大高度（平飞升限或动升限）。

③ 续航性能。包括在不同高度的最大续航时间和最大航程。

④ 自转下滑性能。指在不同高度没有发动机驱动、旋翼自转的情况下的最小下滑率（最小下降速度）和最小下滑角。

■ 4.2.2 直升机之最

① 世界上第一架试飞成功的具有正常操纵性的直升机是由德国科学家福克

于 1937 年 设 计 制 造 的 FW-61 横列式双旋翼直升机（图 4-16），该直升机当时创造了多项世界纪录。此前，在 1907 年法国还研制了一架载人直升机，实现了离地 0.3 米的垂直升空，并连续飞行了 20 秒，被称为是"人类第一架直升机"，但该直升机当时还不能

图 4-16 世界上第一架可操纵的
直升机（德国）

正常操纵。1940 年，由美国著名直升机设计师西科斯基设计的 VS-300 成功首飞，成为世界上第一架投入使用的直升机，该直升机采用单旋翼布局，此后大部分直升机都采用这种布局形式。

②世界上最大的直升机是苏联米里设计局于 20 世纪 60 年代研制生产的米-12"信鸽"重型运输直升机，但该直升机没有投入批量生产。该机最大起飞重量为 105 吨，主旋翼直径为 35 米，机身长达 37 米，货舱长 28 米，可运送中型坦克和火炮，安装有 4 台发动机，可载重 40 吨。当今世界上还在使用的最重的直升机，要属苏联的米-26 直升机（图 4-17）。该直升机最大起飞重量 56.0 吨，旋翼直径 32.0 米。直升机也可以做得很小，最小的单人超轻型直升机自重只有 100 多千克，旋翼直径只有 6 米左右。

③直升机最高时速是由美国西科斯基公司研制的 X-2 直升机（图 4-18）

图 4-17 苏联的米-26"光环"重型运输
直升机（上）

创造的，达到了 417 千米/小时。此前，直升机的直线飞行最大速度的世界纪录为 400.87 千米/小时，是由英法合作的"山猫"直升机（图 4-19）于 1986 年创造的。但大多数直升机的最大巡航速度一般在 250 ～ 350 千米/小时之间。

④飞得最高的直升机是法国的 SA-3158 型"美洲鸵"直升机（图 4-20）。1972 年 6 月 21 日，该直升机创造了飞行高度达 1.2442 万米的世界纪录。但大多数直升机的实用升限都不是很高，最高的一般为 4000～6000 米。

⑤飞得最远的直升机是美国休斯公司研制的 OH-6 型直升机（图 4-21）。1966 年 4 月 6～7 日，该机由飞行员费瑞驾驶，创造了直线航程 3561.55 千米的世界纪录。但大多数直升机的航程都不是很远，最远的一般为 400～800 千米。

图 4-18 美国的 X-2 直升机

图 4-20 法国的 SA-3158 型"美洲鸵"直升机

图 4-19 英法合作的"山猫"直升机

图 4-21 美国的 OH-6"印第安种小马"直升机

■ 4.2.3 直升机的发展简况

通常认为直升机技术要比固定翼飞机复杂，因此其发展也比固定翼飞机缓慢。但随着理论和设计制造技术的发展，直升机在近些年来也取得了很大的发展。航空学家通常把直升机的发展分成四代，这四代直升机都有各自的典型技术特征（表 4-1）。

表 4-1 四代直升机的典型技术特征

分代	时间段	技术特征	代表机型
第一代	1940 年至 20 世纪 60 年代初期	活塞式发动机；金属/木质混合式旋翼桨叶；由钢管焊接成的构架式或铝合金半硬壳式机体结构；简易的仪表和电子设备。最大平飞速度在 200 千米/小时以内，全机振动水平（约 0.20g）、噪声水平（约 110dB）均较高	苏联的米-4（图 4-22）、美国的贝尔-47（图 4-23）
第二代	20 世纪 60 年代初期到 70 年代中期	第一代涡轮轴发动机；全金属桨叶与金属铰接式桨毂构成的旋翼；铝合金半硬壳机体结构；最初的集成微电子设备。最大平飞速度约达 250 千米/小时。振动水平（约 0.15g）、噪声水平（约 100dB）有所降低	苏联的米-8（图 4-24）、法国的"超黄蜂"（图 4-25）
第三代	20 世纪 70 年代中期至 80 年代末	第二代涡轮轴发动机；全复合材料桨叶及带有弹性元件的桨毂构成的旋翼；部分使用复合材料的机体结构；大规模集成电路的电子设备和较先进的飞行控制系统。最大飞行速度约 300 千米/小时。振动水平（约 0.10g）、噪声水平（约 90dB）又进一步得到控制	法国的"海豚"（图 4-26）、美国的"黑鹰"、美国的"阿帕奇"（图 4-27）
第四代	20 世纪 90 年代以后	第三代涡轮轴发动机；优化的翼型、桨尖，先进的复合材料旋翼桨叶，无轴承或弹性铰式等新型桨毂；大部分或全部使用复合材料的机体结构；电传操纵系统；先进的飞行控制、通信导航、综合显示和任务管理系统。最大平飞速度已约达 315 千米/小时。振动水平（约 0.05g）、噪声水平（约 80dB）已得到良好控制	美国的"科曼奇"（图 4-28）、欧洲的 NH-90（图 4-29）

图 4-22 苏联的米-4 直升机

图 4-23 美国的贝尔-47 直升机

图 4-24 苏联的米 -8 "河马" 直升机

图 4-25 法国的 SA-321 "超黄蜂"
直升机

图 4-26 法国的 SA-360 "海豚" 直升机

图 4-27 美国的 AH-64 "阿帕奇" 直升机

图 4-28 美国的 RAH-66 "科曼奇"
直升机

图 4-29 欧洲的 NH-90 直升机

　　苏联（俄罗斯）的米系列直升机在世界直升机的发展中起到了举足轻重的作用，该系列直升机是由米里直升机设计局研制的，著名直升机设计师米里（图 4-30）是设计局的创始人。目前，米里设计局的直升机总生产量在世界上名列前茅，其重型和超重型直升机一直居世界首位。

图 4-30 著名直升机
设计师——米里

4.3 直升机的主要部件及其功能

飞机产生升力的部件相对于机身是固定的，而直升机的旋翼相对于机身以恒定的速度转动，这使得直升机的构造相对来说更加复杂，且这种复杂主要表现在旋翼系统上。

直升机的主要组成部件一般包括：旋翼系统、尾桨系统（对于单旋翼直升机）、机体、动力装置、传动系统、操纵系统、起降装置等。此外，通常还有机载设备与仪表等。如图 4-31 所示。该图也标出了上述部件的下一级的部件或构件。

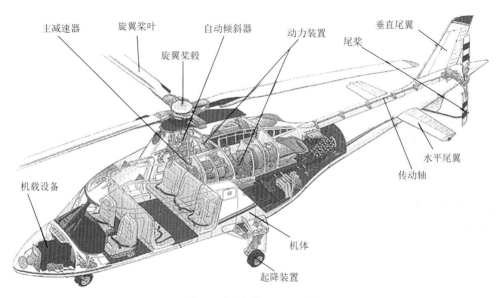

图 4-31 直升机的主要组成部件

4.3.1 旋翼系统

旋翼系统是直升机产生升力，并能够通过机构改变升力大小和方向的系统，包括：旋翼桨叶、旋翼桨毂、转轴等构件。旋翼桨毂的形式就决定了旋翼的形式。

旋翼桨叶与机翼类似，其剖面也是翼型形状，在旋转时产生升力。桨叶在设计时有很高的要求，除去气动力方面的要求之外，还有动力学和疲劳方面的要求。

旋翼桨毂将旋翼桨叶和旋翼转轴连接在一起，并能让旋翼桨叶的桨距在自动倾斜器的驱动下有规律地改变。旋翼桨毂的构造非常复杂，并且有多种构造形式，如铰接式、跷跷板式、无铰式／柔性铰式、万向接头式等。图 4-32 是英法研制的"山猫"

直升机的无铰式桨毂。关于各种桨毂更为详细的介绍，由于其技术较为复杂，这里暂不展开，感兴趣的读者可以参考直升机的相关书籍。

常规尾桨

图 4-32 英法研制的"山猫"直升机的
无铰式桨毂构造

图 4-33 采用常规尾桨的直升机

■ 4.3.2 尾桨系统

尾桨是用来平衡旋翼反扭力矩和对直升机进行航向操纵的部件。旋转着的尾桨相当于一个垂直安定面，还能对直升机航向起稳定作用。改变尾桨的拉力／推力的大小则可以改变直升机偏航力矩的平衡，进而实现直升机的航向操纵。尾桨的结构形式与旋翼也有相似之处，也包括桨叶、桨毂、转轴等。旋翼的桨毂形式往往也在尾桨中得到应用。

尾桨的类型有常规尾桨（图 4-33）、涵道尾桨（图 4-34、图 4-35）。也有些单旋翼直升机，采用尾部吹气的方式来起到尾桨的作用，如图 4-36、图 4-37 所示，称为无尾桨式单旋翼直升机。

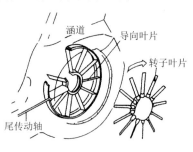

涵道　导向叶片
转子叶片
尾传动轴

涵道尾桨

图 4-34 涵道尾桨示意图

图 4-35 采用涵道尾桨的直升机

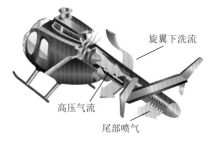

旋翼下洗流
高压气流
尾部喷气

图 4-36 单旋翼直升机无尾桨系统示意图

图 4-37 无尾桨式单旋翼直升机

■ 4.3.3 机体

机体用来支持和固定直升机部件系统，把它们连接成一个整体，并用来装载人员、物资和设备，使直升机满足既定技术要求。机体是直升机的重要部件，通常由机身等部件构成。为了改善俯仰稳定性和方向稳定性，有些直升机往往还在机身尾部安装水平尾翼和垂直尾翼，

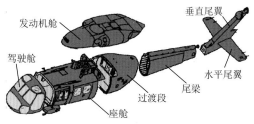

图 4-38 UH-60 "黑鹰" 直升机机体的分段图

但尾翼并不是直升机所必需的。图 4-38 是 UH-60 "黑鹰" 直升机机体的分段图，包括驾驶舱、座舱、发动机舱、过渡段、尾梁、水平尾翼、垂直尾翼等。

■ 4.3.4 动力装置

直升机的动力装置是为直升机提供动力的系统。目前载人直升机上使用的动力装置大体上分为两类，即航空活塞式发动机和航空涡轮轴发动机。在直升机发展初期，均采用技术上比较成熟的航空活塞式发动机作为直升机的动力装置。但由于其振动大，功率质量比和功率体积比小、控制复杂等许多问题，人们就利用已经发展起来的涡轮喷气技术寻求性能优良的直升机动力装置，从而研制成功直升机用涡轮轴发动机。此外，还有与动力装置配套的燃油系统、燃油箱等。关于航空活塞式发动机和航空涡轮轴发动机的情况，将在后面进行详细介绍。

■ 4.3.5 传动系统

直升机传动装置是发动机驱动旋翼和尾桨工作必不可缺的部件，它与发动机、旋翼、尾桨共同构成了直升机上的一个完整的机械运动系统。这也是直升机技术的一个显著特点。现代直升机上的传动系统，是一个传递机械能的、由各附件组成的整体，除

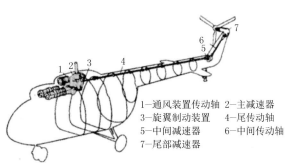

1—通风装置传动轴 2—主减速器
3—旋翼制动装置 4—尾传动轴
5—中间减速器 6—中间传动轴
7—尾部减速器

图 4-39 直升机的传动系统

了少数小直升机采用柔性皮带传动外，大多数直升机采用刚性构件，应用直接啮合传导原理，该系统通过各个附件将发动机输出的功率传递给旋翼、尾桨和其他部件。

直升机的传动系统主要包括：减速器（分为主减速器、中间减速器、尾部减速器）、传动轴、离合器、联轴器等，如图4-39所示。直升机的主减速器是传动系统中最复杂、最大、最重的一个部件，一般采用齿轮减速方式，它有发动机的功率输入端以及与旋翼、尾桨传动轴和附件传动轴相连的功率输出端。关于直升机传动系统的详细介绍，感兴趣的读者请参考直升机的相关书籍，这里不作展开。

■ 4.3.6 操纵系统

顾名思义直升机操纵系统是用于操纵直升机改变飞行姿态的系统。直升机不同于固定翼飞机，一般没有在飞行中供操纵的专用活动舵面，因为在小速度飞行或悬停时舵面的作用很小。

直升机的操纵系统包括：位于驾驶舱的油门总距杆、周期变距杆（也称驾驶杆）、脚蹬（图4-40），位于主旋翼下方套在旋翼转轴上的自动倾斜器（图4-41），尾桨的变距机构，连接油门总距杆、周期变距杆和自动倾斜器的连杆等，以及连接脚蹬和尾桨变距机构的连杆等。油门总距杆、周期变距杆与自动倾斜器的连接关系如图4-42所示。直升机的驾驶杆、脚蹬与飞机的驾驶杆和脚蹬相似。

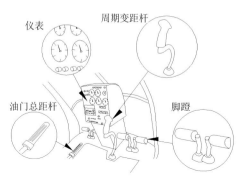

图4-40 直升机驾驶舱内的油门总距杆、周期变距杆、脚蹬和仪表

图4-41 直升机的自动倾斜器

操纵时，①驾驶员用手操纵油门总距杆（一般用左手），油门总距杆再通过连杆推动自动倾斜器沿直升机转轴向上或向下运动，从而改变旋翼的桨距大小[图4-42（b）]，进而操纵直升机上升和下降；②驾驶员用手操纵周期变距杆（驾驶杆，一般用右手），周期变距杆再通过连杆使得自动倾斜器发生前后左右的倾斜，图4-42（c）为向前倾斜，向其他方向的倾斜与此类似，从而周期性地改变旋翼的桨距大小，进而操纵直升机前飞、后飞、侧飞；③驾驶员用双脚踩脚蹬，脚蹬再通过连杆使得尾桨的桨距大小发生改变，从而改变直升机的航向。尾桨桨距改变的原理与旋翼的相似，

但尾桨只有总距改变机构而没有周期变距机构，这里就不再叙述。

有关直升机的操纵，将在后面详细介绍。

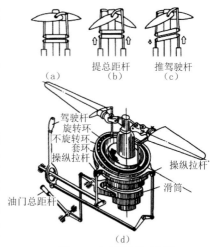

图 4-42　自动倾斜器示意图

▇ 4.3.7　起降装置

和固定翼飞机一样，直升机也有起降装置，其主要作用是吸收在着陆时由于有垂直速度而带来的能量，减少着陆时撞击引起的过载，以及保证在整个使用过程中不发生"地面共振"。此外，起降装置往往还用来使直升机具有在地面运动的能力，减少滑行时由于地面不平而产生的撞击与颠簸。

在陆地上使用的直升机起降装置有轮式起落架和滑橇式起落架，如果需要在水面上起降还需要安装浮筒式起落架（图4-43）。直升机的起落架与固定翼飞机的有相似之处，但着陆时的冲击载荷没有固定翼飞机起落架的那么大。

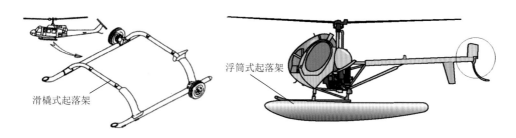

图 4-43　直升机的滑橇式起落架（左）和浮筒式起落架（右）

▇ 4.3.8　机载设备与仪表

直升机机载设备与仪表（图4-40）是指在直升机上为保障飞行、完成各种任务的设备、系统和仪表的总称。直升机机载设备品种繁多，包括电气、显示和控制、导航、通信及电子对抗、故障诊断等设备。

从飞行原理来说，机载设备与仪表虽然不一定是每架直升机飞行必备的。但随着现代直升机技术发展，机载设备和仪表的地位越来越重要。机载设备性能的优劣已成为现代直升机先进与否的重要标志之一，先进的机载设备在提高直升机的使用效能和保证经济性、安全性方面具有不可替代的作用。

■ 4.4 直升机的操纵

直升机要实现空中飞行的各种任务，除了有旋翼产生升力之外，还需要通过操纵改变直升机的姿态。这里在介绍直升机运动的实现原理的基础上，对直升机的各种操纵模式进行阐述。

■ 4.4.1 直升机运动的实现原理

（1）直升机的力和力矩

在介绍直升机如何进行操纵之前，先来了解一下作用在直升机上的力和力矩情况。在介绍这些力和力矩之前，也有必要像介绍固定翼飞机的飞行原理一样，介绍一下用于描述直升机运动的参考轴系，如图 4-44 所示。

在图 4-44 中，用于定义直升机运动的三轴包括俯仰轴（也称横轴）、滚转轴（也称纵轴）、偏航轴（也称立轴）。与飞机相似，通常采用沿这三轴的平动和绕这三轴的转动来描述直升机在空中的运动。绕俯仰轴的转动，称为俯仰运动；绕滚转轴的转动，称为滚转运动；绕偏航轴的转动，称为偏航运

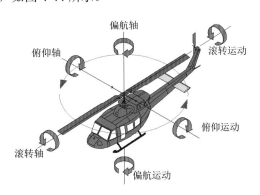

图 4-44 直升机运动的参考轴系

动；沿俯仰轴的平动，称为侧向运动（侧飞）；沿偏航轴的平动，称为沉浮运动（上升、下降）；沿滚转轴的平动，通常称为前后运动（前飞、后飞）。一般的飞机只能实现上述部分运动，而直升机则可以实现上述的全部运动。

在了解了上述运动参考轴系之后，接下来介绍作用在直升机上的力和力矩（图 4-45）。直升机在空中飞行时，作用在其上的力有旋翼产生的升力、直升机的重力、空气的阻力，如果直升机是在没有风的条件下进行悬停飞行则没有水平方向的阻力。如前所述，当旋翼旋转

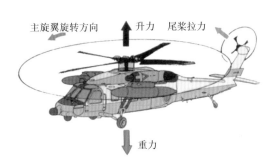

图 4-45 直升机上的力与力矩

时还会在直升机机身上产生反扭力矩，为了平衡这个反扭力矩则还需要用到尾桨或

另外一个旋转方向相反的旋翼。当尾桨旋转时，也会给直升机产生一个侧向的力，但尾桨产生的力由于相对于旋翼的升力来说要小得多，一般可以忽略，而主要考虑其产生的偏航力矩。

（2）直升机的运动

这里以单旋翼直升机为例来说明直升机最基本的运动形式。

①悬停

悬停是直升机特有的飞行模式，一般的固定翼飞机不能实现悬停。如图4-45所示，先考虑单旋翼直升机在悬停时的受力情况，这时作用在直升机机身上的力和力矩的平衡关系如下：a.沿立轴方向有向上的升力和向下的重力，大小相等，方向相反；b.由于主旋翼旋转而产生的绕立轴的力矩，方向与旋翼旋转方向相反；尾桨旋转产生的绕立轴的力矩，方向与旋翼的旋转方向相同；两个力矩方向相反，大小相等。

②上升、下降

在悬停飞行的基础上（图4-45），再来看另外一种情况，即改变旋翼升力的大小，这样升力和重力就不平衡了。此时，如果旋翼的升力大于重力，则直升机就会上升；如果旋翼的升力小于重力，则直升机就会下降。垂直上升和下降运动也是直升机特有的运动模式，一般的固定翼飞机不能实现这种飞行模式。

③前飞、后飞、侧飞

接下来再看看在悬停飞行的基础上，如果旋翼旋转平面发生倾斜会发生怎样的受力变化。图4-46表示的是悬停情况旋翼升力和重力的平衡关系，图4-47表示的是前飞时旋翼旋转面向前倾斜的受力情况。在图4-46中旋翼的升力和重力共线，大小相等，方向相反。而在图4-47中，旋翼的旋转面向前发生了倾斜，这样旋翼的升力方向自然也发生了变化，向前倾斜。因此就有了竖直方向的分量F_1和水平方向的分量F_2。这时如果保持旋翼升力的竖直分量和重力相等，则直升机在竖直方向不会发

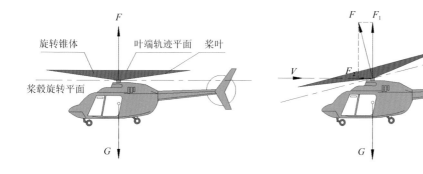

图4-46 悬停时旋翼升力与直升机重力　　　　　图4-47 前飞时旋翼升力与直升机重力

生高度的变化。而旋翼升力的水平分量则使得直升机向前飞行；在匀速直线前飞时，旋翼升力的水平分量与阻力（图中未示出）大小相等、方向相反。

相似的，如果旋翼的旋转平面向后倾斜，则旋翼升力的水平分量 F_2 也指向后，使得直升机发生后飞。如果旋翼的旋转平面向左右两侧倾斜，则旋翼升力的水平分量指向两侧，使得直升机发生侧飞，如图 4-48 所示。

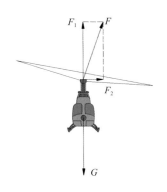

后飞、侧飞也是直升机特有的运动模式，一般的固定翼飞机也不能实现这种飞行模式。

此外，由于旋翼旋转面发生倾斜后，旋翼升力的方向并不一定通过重心，因此一般还会产生绕滚转轴和俯仰轴的力矩，如果出现力矩不平衡则还会产生滚转和俯仰运动。

图 4-48 侧飞时旋翼升力与直升机重力

④悬停回转

在悬停飞行的基础上，如果改变尾桨力的大小，则原有的旋翼反扭力矩和尾桨的力矩的平衡关系破坏了，这样就会导致直升机机体绕立轴的转向，称为悬停回转。悬停回转也是直升机特有的运动模式，一般的固定翼飞机不能实现这种飞行模式。

关于偏航力矩的平衡和变化可以参照图 4-49 加以理解。假设当尾桨推力大小如图黄色箭头所示时尾桨产生的力矩与旋翼产生反扭力矩平衡，且此时直升机处于悬停状态。在此基础上，如果减小尾桨的推力大小至图中红色箭头所示，而保持旋翼的原有转动状态（转速、桨距）不变，那么旋翼对机体所产生的反扭力矩大于尾桨所产生的偏航力矩，从而使得直升机机体顺时针转动，即产生机头向右的偏航运动。反之，如果增加尾桨的推力至图中绿色箭头所示，则直升机会发生逆时针转动，即产生机头向左的偏航运动。

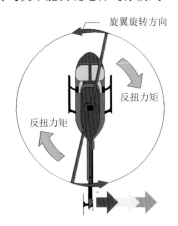

图 4-49 直升机转向的实现

■ 4.4.2 直升机运动的操纵模式

作为一种特殊的飞行器，直升机的升力和推力均通过旋翼的旋转获得，这就决定了其操纵与固定翼飞机有所不同。根据固定翼飞机的飞行原理，发动机只能提供向前的拉力，因此其操纵一般是通过偏转舵面改变气动力面的状态而实现的。但直升机的旋翼则可在竖直和水平方向上对机身提供作用力,尾桨又可以改变与旋翼反扭力矩的平衡状态,这使得直升机操纵可以通过旋翼和尾桨状态的改变而实现。

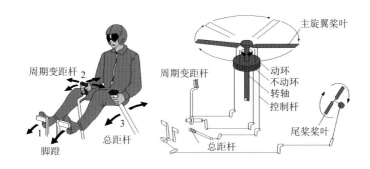

图 4-50 直升机的操纵装置

在前面以悬停状态为基础介绍了直升机的几种运动形式:①悬停、上升、下降;②前飞、后飞、侧飞;③悬停回转。在实际飞行中,为了实现这三类运动,分别需要进行总距操纵、变距操纵(也称周期变距操纵)、脚操纵(也称航向操纵)。通过总距操纵可以实现直升机的悬停、上升、下降运动;通过变距操纵可以实现直升机的前飞、后飞、侧飞运动;通过脚操纵可以改变直升机的航向。与这些操纵实现相关的直升机操纵系统示意图如图 4-50 所示。正如前文所描述的,直升机的操纵系统就是指传递操纵指令,进行总距操纵、变距操纵和脚操纵的操纵机构和操纵线路。

在前面曾经介绍了旋翼的桨距,是指旋翼某处剖面翼型弦线与旋翼旋转平面的夹角(没有风的情况下悬停,该角度近似等于迎角)。根据翼型升力与迎角的关系可知,改变旋翼的迎角则可以改变翼型的升力,进而改变旋翼的升力。上述三类操纵就是通过有规律地改变旋翼和尾桨的桨距实现的。

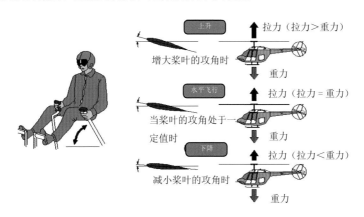

图 4-51 利用油门总距杆操纵直升机上升、下降

（1）总距操纵

总距操纵是通过油门总距杆来改变旋翼的总桨距，使各片桨叶的安装角同时增大或减小，从而改变旋翼拉力的大小（图4-51）。当用左手提油门总距杆时，旋翼桨距增加（图4-52），旋翼拉力大于直升机重力，直升机就上升；反之，直升机则下降。旋翼总桨距改变时，旋翼的需用

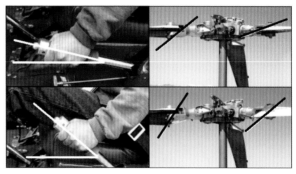

图4-52 总距操纵与旋翼桨距的变化

功率也随着改变。因此，也必须相应地改变发动机的油门，使发动机的输出功率与旋翼的需用功率相匹配以保持旋翼转速不变。为减轻驾驶员负担，发动机油门操纵和总距操纵通常是交联的。改变总距时，油门开度也相应地改变。因此，总距操纵一般又称为油门总距操纵。

（2）变距操纵

变距操纵也称周期变距操纵，它是通过自动倾斜器使桨叶的安装角发生周期改变，从而使桨叶升力发生周期改变，并由此引起桨叶周期挥舞（旋翼桨叶尖部向上或向下运动），最终导致旋翼锥体相对于机体向着驾驶杆运

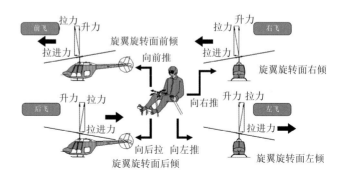

图4-53 通过周期变距杆操纵直升机水平移动

动的方向倾斜（图4-53）。由于旋翼拉力基本上垂直于桨盘平面，所以拉力也向驾驶杆运动方向倾斜，从而实现直升机的前飞、后飞、侧飞。但此时由于旋翼拉力方向不通过重心，直升机一般也会出现俯仰和滚转运动。

例如，当驾驶员用右手推周期变距杆时，拉力向前倾斜，产生向前的分力，直升机向前运动，即前飞；驾驶员往后拉周期变距杆时，拉力向后倾斜，产生向后的分力，直升机向后运动，即后飞；当驾驶员往左或向右移动周期变距杆时，拉力向左或向右倾斜，产生向左或向右的分力，直升机向左或向右运动，即侧飞。

（3）脚操纵

脚操纵是用脚蹬操纵尾桨的总桨距，从而改变尾桨的推力（或拉力）的大小，实现航向操纵（图4-54）。当尾桨的推力（或拉力）改变时，此力对直升机重心的力矩与旋翼的反作用力矩不再平衡，直升机绕立轴转动，使航向发生改变。当驾驶员踩右脚蹬时，直升机机体发生机头向右的绕立轴的旋转；踩左脚蹬时，直升机机体发生机头向左的绕立轴的旋转。

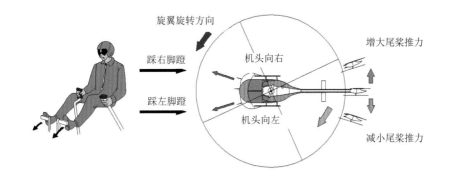

图 4-54　通过脚操纵来操纵直升机的航向

通过上面的介绍，相信读者已经对直升机的驾驶和飞行原理有了初步的了解。事实上，直升机每一个姿态的改变都是上述三个基本操纵共同作用的结果。以起飞为例：直升机在起飞时，先通过总距操纵使直升机垂直升至一定的高度，并通过脚操纵来调整直升机的航向，然后驾驶员会一方面通过总距操纵加大主旋翼的桨距来加快爬升，另一方面还会通过周期变距杆操纵主旋翼向前倾斜以实现前飞并达到一定的飞行速度，在此过程中还要不断通过脚操纵保持或改变直升机的航向。

有关如何通过自动倾斜器的动作有规律地改变旋翼的桨距，从而实现总距操纵和周期变距操纵，由于原理和机构都较为复杂，这里暂时不作展开介绍。感兴趣的读者也可以以图4-42为基础参考直升机相关书籍加以理解。此外，这里仅以单旋翼直升机为例介绍了直升机操纵的一些基本知识，关于双旋翼直升机的操纵，感兴趣的读者可以参考相关的资料自行了解。

■ 4.5　直升机的机动飞行与起降

提高直升机的机动性，可以有效提高直升机对地攻击的突防生存力，于是在直升机技术发展上十分强调机动性。随着直升机的发展及技术的进步，特别是近30年来，世界上发生的几次重大军事冲突中，直升机被广泛用于作战，从对地攻击、隐蔽突袭到空战格斗，可以预见直升机对直升机的空中对抗在所难免，直升机也会像固定翼飞机那样进行空战。为了取得空战胜利，必须提高直升机的机动性。

直升机实施机动飞行时按其飞行轨迹可分成为：①水平面内的机动，如加速和减速、盘旋、转弯、水平"S"字机动、蛇形机动等；②铅垂平面内的机动，如急跃升和俯冲；③空间立体机动，如盘旋下降、战斗转弯、跃升中的回旋和转弯。这些动作都属于简单特技。此外，还有一些复杂的特技动作：筋斗、横滚、倒飞等。通常武装直升机机动性好，可以完成上述机动动作；而普通的运输类直升机机动性一般，只能完成上述部分动作。

■ 4.5.1 典型的机动动作

下面仅介绍几种典型的机动飞行，对于其他的一些机动动作暂不作介绍。

（1）水平直线加速机动

直升机进行水平直线加速机动时，直升机高度保持不变，驾驶员经操纵使桨盘向前倾斜，同时旋翼拉力 F 增大（图4-55）。此时，旋翼拉力的铅垂分力 F_1 平衡直升机本身的重力；同时，旋翼拉力的水平分力 F_2 指向平飞方向，提供向前的加速度，使直升机水平加速飞行。

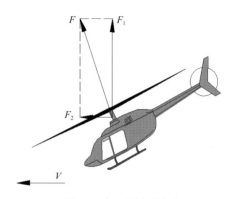

图 4-55 水平直线加速机动

当速度加大后，机身阻力也随之加大，当旋翼拉力的水平分力和阻力相等时，则直升机的平飞加速度就会为零，此时直升机就会在一定的飞行速度下平飞。若要保持继续水平直线加速飞行，则要继续增大桨盘倾斜角和旋翼拉力。

（2）水平转弯机动

直升机水平转弯指直升机保持一定高度和一定速度进行转弯，即所谓的等高、等速水平转弯（图4-56）。这种情况下，驾驶员通过操纵使直升机桨盘侧倾，同时旋翼拉力 F 增加。此时，旋翼拉力的铅垂分力 F_1 平衡直升机所受重力，以保持高

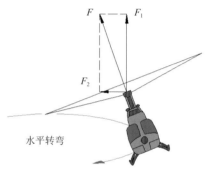

水平转弯

图 4-56 直升机的水平转弯机动

度不变；旋翼拉力的水平分力 F_2 指向一侧（左转弯时指向左侧，右转弯时指向右侧），产生向心力，这就是直升机做水平转弯所需要的侧力。超过360°的水平转弯称为盘旋。

值得注意的是，这里所说的直升机水平盘旋（转弯），与固定翼的类似，而和直升机在悬停状态下的悬停回转，是完全不一样的。悬停回转是通过直升机航向操纵完成的（对于单旋翼直升机来说就是通过改变尾桨拉力/推力大小实现的）。

（3）垂直机动

垂直机动飞行通常需要变化高度、速度、总距以及飞行姿态和航迹曲率半径。直升机作纯圆的垂直筋斗［图4-57（a）］，对于大多数直升机来说是较难办到的。有的直升机为了显示筋斗飞行，仅仅只能做一个在变化速度下的非圆形轨迹的垂直机动，如图4-57（b）所示。

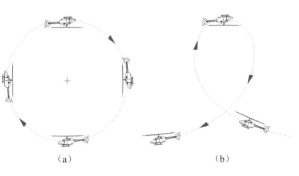

（a） （b）

图4-57 直升机的垂直筋斗

实际飞行中的直升机在进行各种机动飞行时，很难被限定在纯竖直或纯水平面内，往往同时包括爬升/下滑、转弯、加速/减速。

■ 4.5.2 贴地飞行

直升机作为一种能在较长时间内作超低空飞行的航空器，贴地飞行是直升机特有的飞行模式。特别是军用武装直升机，利用地形、地物作掩护，在贴近地面的高度上（一般称作一树之高）隐蔽接近攻击目标，常常能取得最佳的作战效果。

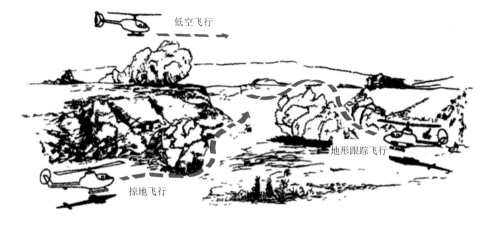

图4-58 直升机的贴地飞行

贴地飞行一般认为有三种情况（图 4-58）：①直升机在贴近地面的高度上飞行，一般离开地面不超过 10 米，以不变的速度做低空飞行；②随地形起伏作地形跟踪飞行；③利用地形、地物作掩护以不同高度、不同速度作掠地飞行。

掠地飞行的难度最大，常常被用作武装直升机的战术动作，在战争中实用价值也较大。这种飞行要求驾驶员必须时刻准确判断直升机与地面之间的距离，并及时改变飞行高度与速度，有时甚至要采用迅猛操纵动作，加之飞行高度很低，通常气流也比较乱（图 4-59），又难以依靠机载设备和地面设备导航，所以掠地飞行时驾驶员工作负荷很重，飞行也具有较大的危险性。

图 4-59 山脚下的气流非常乱

■ 4.5.3 起飞着陆

直升机由于可以进行垂直上升和下降、水平移动及悬停回转，因此其起飞、着陆及工作飞行与固定翼飞机相比存在着一定的特殊性，较之固定翼飞机在起飞和着陆方面具有很强的优势，对于场地要求非常低。这里简单介绍一下直升机的起飞、爬升、下降和着陆。

4.5.3.1 起飞

直升机利用旋翼拉力从离开地面并增速上升至一定高度的运动过程叫做起飞。直升机具有多种起飞方式，可以垂直起飞，也可以像固定翼飞机一样滑跑起飞。具体采用何种方式起飞，必须根据场地面积的大小、大气条件、周围障碍物的高度和起飞重量大小等具体情况决定。

（1）垂直起飞

垂直起飞是直升机从垂直离地到一定高度上悬停，然后按一定的轨迹爬升增速的过程。爬升高度视周围障碍物的高度而定。一般而言，作为起飞过程完成的离地高度约为 20 ～ 30 米，这时速度接近其经济速度（以该速度飞行航时最长）。直升机根据不同的具体情况，可以采用两种不同的垂直起飞方法。

① 正常垂直起飞 正常垂直起飞（图4-60）是指场地净空条件较好，周边没有障碍物，直升机垂直离地约 0.15 ～ 0.25 倍旋翼直径的高度，部分利用旋翼的地面效应（简称地效，指由于地面对于气流的反射作

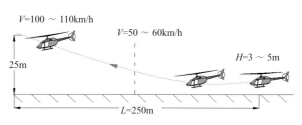

图 4-60 直升机正常垂直起飞

用而使得飞机翼面和直升机旋翼的升力增加），进行短暂悬停，然后检查一下发动机情况，再以较小的爬升角增速爬升到一定高度的过程。图 4-60 ～图 4-66 中，H 为离地高度，V 为前飞速度，V_y 为垂直下降速度，L 为水平距离。

在这个过程中直升机旋翼的需用功率变化很大。在速度从零增加至经济速度的范围内，直升机的受力状态变化很大，对操纵动作的协调性要求很高。

② 超越障碍物起飞 这种起飞方式是在场地周围有一定高度的障碍，并且场地比较狭小时采用。与正常垂直起飞方式不同的是垂直离地的悬停高度增高了。如果周围障碍物的高度为 h，则起飞悬停高度应不小于（$h+10$）米，以保证直升机能安全超越障碍（图4-61）。

由于这种情况下的悬停高度比正常垂直起飞时高出很多，因此这种起飞方式是在无地效高度上悬停，悬停需用功率较大。利用这种起飞方式时，为了在增速过程中不至于掉高度，要求发动机有一定的剩余功率，以保证起飞安全。

（2）滑跑起飞

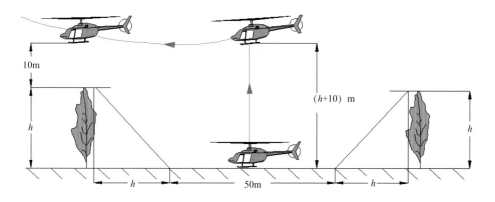

图 4-61 直升机超越障碍物起飞

　　直升机在悬停时其需用功率较之大多数的飞行状态都高。因此，当直升机的载重量过大或者机场海拔高度高或空气温度高时，直升机就无法垂直起飞；此时，直升机可以像固定翼飞机那样采用滑跑方式起飞（图4-62）。直升机的滑跑起飞，省去了垂直离地和近地面悬停这两个阶段，而分成地面滑跑增速和空中增速两个阶段进行。

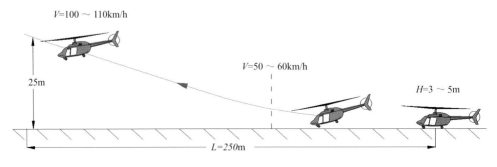

图 4-62　直升机滑跑起飞

　　直升机在地面滑跑增速至一定速度以后，由于旋翼需用功率的减小，发动机就有足够的功率来增加旋翼的拉力，克服重力升空。随着飞行速度进一步增加，旋翼需用功率进一步下降，这时直升机就有部分剩余功率用来爬升和增速，完成整个起飞过程。

4.5.3.2　着陆

　　直升机从一定高度下降，减速、降落到地面直至运动停止的过程称为着陆，是起飞的逆过程。实际使用中的着陆方式有：垂直着陆、滑跑着陆、旋翼自转下滑着陆。

　　（1）垂直着陆

　　直升机根据预定地点场地的大小和周围障碍物的高度等不同情况，可分别采用正常垂直着陆和超越障碍物垂直着陆。

　　① 正常垂直着陆　对于预定着陆地点场地净空条件好的情况，尽量采用正常垂直着陆，其着陆过程的轨迹如图4-63所示。以这种方式着陆的做法是：以一定的下滑角大致向预定点下降，并逐渐减速。在接近着陆预定点前，直升机做小速度贴地飞行，旋翼处在地面效应影响范围内。

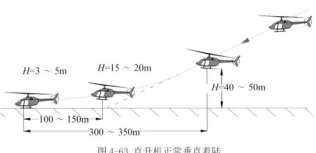

图 4-63　直升机正常垂直着陆

在到达预定点的上空 3 ～ 5m 高度上作短时间悬停，再以 0.2 ～ 0.1m/s 的下降速度垂直下降直至接地。这种着陆方式对着陆场地表面质量要求低，场地面积相对来说比较小。此外，这种着陆方式由于充分利用了地效，需用功率较小。

② 超越障碍物垂直着陆 当着陆场地面积狭小，周围又有一定高度的障碍物，直升机在接近场地空间不允许作小速度的贴地飞行，此时就采用超越障碍物垂直着陆方式着陆。其飞行轨迹如图 4-64 所示。它与正常垂直着陆不同的是作减速和接地前短暂悬停高度不同。由于悬停不能利用地效，这种方式的需用功率较大。同时，由于着陆点附近有障碍物，直升机纵横向不允许较大的位移，操纵难度大一些。

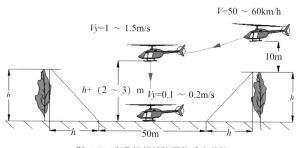

图 4-64 直升机超越障碍物垂直着陆

（2）滑跑着陆

直升机在高原、高温地区，或载重量较大时，发动机可用功率可能不足以允许用垂直着陆方式着陆，此时，直升机可以像固定翼飞机一样进行滑跑着陆。其着陆飞行轨迹如图 4-65 所示。滑跑着陆与垂直着陆不同，直升机在接地瞬间，不但具有垂直速度，同时还有水平速度，因此着陆时对于起落架的冲击力也较垂直着陆大。直升机在接地后还有一个滑跑过程，可进一步利用旋翼产生一个减速的水平分力，使直升机继续减速直至运动停止。

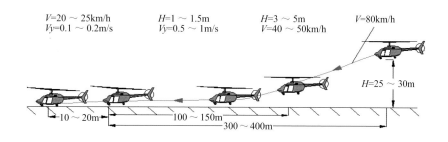

图 4-65 直升机滑跑着陆

（3）旋翼自转下滑着陆

直升机在发动机停车的情况下，还可以采用旋翼自转下滑的方式着陆。此时，全依靠直升机下降时的重力势能做功提供给旋翼旋转来产生拉力以平衡重力。

在直升机飞行时一旦发动机停车，直升机则无法保持平飞，会进入下滑状态。为了安全着陆，首先有两点必须注意：①减小旋翼总距以保持旋翼转速；②使直升机的下滑速度的水平分量接近于经济速度。此时，可以根据预定着陆点的距离和直升机的高度，来选择合适的下滑速度。有的下滑速度可以获得最远下滑距离，有的则对应最长留空时间。

直升机在发动机完全停车后，虽然可以转入旋翼自转状态下降，以较小的下降率下滑安全着陆。然而从发动机停车到直升机以经济速度下滑使旋翼处于自转下滑的状态，也是需要一定的时间的，在这一过程中直升机会下降一定的高度。如果直升机的飞行高度较低，且飞行速度又较小，则有可能出现还没有来得及进入旋翼自转，直升机就会以较大的下降速度触地，造成直升机和人员的损伤。

为了避免直升机在自转着陆时受到地面的巨大冲击，通常在直升机飞行高度速度范围内规定一个所谓"回避区"（图4-66），并要求一般情况下直升机只能在"回避区"以外的高度速度范围内飞行。

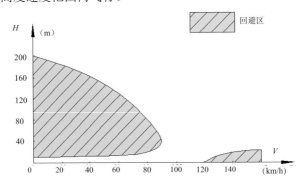

图 4-66 直升机的"回避区"

第五章

动力装置

本章对航空器所用到的发动机进行介绍。由于随着科学技术的发展，航天器逐渐向航空器渗透，应用于航天器的火箭发动机也往往在航空器中使用，为此这里也简要介绍一下在航天中应用的火箭发动机及其与航空发动机的组合。

5.1 航空航天发动机

发动机是飞行器的动力源，是飞行器的心脏，它的性能对飞行器的发展有着非常重要的影响。1883年汽油活塞发动机的问世，为第一架飞机的试飞成功创造了条件；20世纪三四十年代，空气喷气发动机的出现，使飞机突破音障，并使飞行器的飞行速度达到几倍声速成为可能；实用型航天火箭发动机的出现，则为航天器的发展奠定了基础，使人类冲出地球、飞向宇宙的梦想成为现实。可以说，飞行器的发展是伴随着发动机的发展而发展的，飞行器发展的每一个里程碑都与发动机的发展和进步有着密切的联系。动力装置则是发动机、减速器、螺旋桨等与飞行器动力相关部件的总称。

飞行器发动机的种类很多，其用途也各不相同。通常可以按发动机产生推力原理的不同和发动机工作原理的不同将发动机分为如下四大类，每一类又有小类，如图5-1所示。

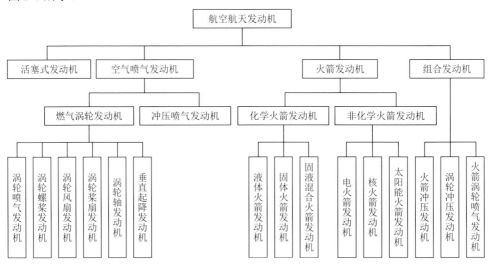

图5-1 航空航天发动机的分类

5.1.1 活塞式发动机

航空活塞式发动机是一种把燃料的热能转化为带动螺旋桨转动的机械能的发动机。螺旋桨高速旋转时，使空气加速向后流动，空气对螺旋桨产生反作用力，从而推动飞行器前进。因此，活塞式发动机不能直接产生使飞行器前进的推力，而是通过带动螺旋桨转动而产生推力的。

活塞式发动机维护简单，寿命长，燃油效率高；但是其推重比低，并且体积偏大。

目前活塞式发动机多用于小型民用航空器，如轻型飞机（图5-2）和轻型直升机等。

■ 5.1.2 空气喷气发动机

空气喷气发动机利用向后喷射高速气流，直接产生向前的反作用力，来推动飞行器前进。这类发动机利用大气层中的空气，与所携带的燃料燃烧产生高温气体向后喷射。它依赖于空气中的氧气作为氧化剂，因此只能作为航空器的发动机。按具体结构的不同，空气喷气发动机又可分为燃气

图 5-2 安装在轻型飞机上的活塞式发动机

涡轮发动机和冲压喷气发动机。较之活塞式发动机，空气喷气发动机推重比高，体积小，随高度变化功率下降不很明显，但是其维护复杂且燃油效率低。

燃气涡轮发动机是目前应用最广泛的航空发动机，它主要由压气机、燃烧室和涡轮组成。空气在压气机中被压缩后，进入燃烧室，与喷入的燃油混合燃烧，生成高温高压燃气。燃气在膨胀过程中驱动涡轮做高速旋转，将部分能量转变为涡轮的机械能。涡轮带动压气机不断吸进空气并进行压缩，使发动机能连续工作；涡轮还可以驱动风扇和螺旋桨等其他部件。燃气通过涡轮后以一定的速度喷出，并产生一定的推力。

压气机、燃烧室和涡轮这三大部件组成了燃气涡轮发动机的核心机。按核心机出口燃气可用能量的利用方式不同，燃气涡轮发动机分为涡轮喷气发动机、涡轮螺桨发动机、涡轮风扇发动机、涡轮桨扇发动机、涡轮轴发动机、垂直起降发动机等。

（1）涡轮喷气发动机

涡轮喷气发动机由进气道、压气机、燃烧室、涡轮和尾喷管等部件组成，各部分分别起到不同的作用。图5-3是涡轮喷气发动机的构造示意图。涡轮喷气发动机是其他燃气涡轮发动机的基础。其他各种燃气涡轮发动机都是在其基础上发展起来的。

早期的喷气式飞机所使用的发动机大多是涡轮喷气发动机。但这类发动机由于推力主要来自于从尾喷管喷出的燃气，效率不高，耗油率大；后来逐渐为涡轮风扇

等其他类型的燃气涡轮发动机所取代。涡轮喷气发动机和涡轮风扇发动机都适用于高速飞行的飞机，如亚声速和超声速飞机。虽然涡轮喷气发动机目前在载人飞机上用得较少，但它却是其他类型发动机的基础，掌握它的基本组成和原理有助于了解其他类型的燃气涡轮发动机。

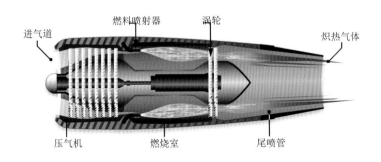

图 5-3　涡轮喷气发动机的组成

（2）涡轮螺桨发动机

涡轮螺桨发动机是在涡轮喷气发动机的基础上通过增加与涡轮相连的减速器并进而驱动螺旋桨而发展起来的，是一种主要由螺旋桨提供拉力（90% 左右）和燃气提供少量推力（10% 左右）的燃气涡轮发动机，如图 5-4 所示。

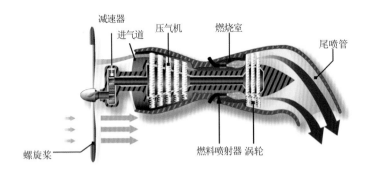

图 5-4　涡轮螺桨发动机的组成部件

涡轮螺桨发动机与活塞式发动机相比，具有功率重量比大、耗油率低、振动小和高空性能好的优点。与涡轮喷气发动机比，由于螺旋桨的排气量远比涡轮喷气发动机的排气量大，因此涡轮螺桨发动机在低亚声速（700 千米 / 小时以下）飞行时效率较高，耗油率小，经济性能好。涡轮螺桨发动机多用于低亚声速运输类飞机（图5-5）。但当飞行速度进一步提高时（达到800千米/小时以上），螺旋桨叶尖区出现了超声速气流，产生激波，螺旋桨效率急剧下降，大大降低了其原有的优势。

图 5-5 采用涡轮螺桨发动机的客机

（3）涡轮风扇发动机

涡轮风扇发动机是在涡轮螺桨发动机的基础上发展起来的。把螺旋桨的直径大大缩短，增加桨叶的数目和排数，并将所有的桨叶叶片包在机匣内。它克服了螺旋桨的缺点，形成了能在较高的速度下很好地工作的"风扇"，如图5-6所示。较之涡轮喷气发动机，涡轮风扇发动机有更高的效率；因此，涡轮风扇发动机是现代高亚声速飞机和超声速飞机所普遍采用的喷气发动机，如图5-7、图5-8所示。

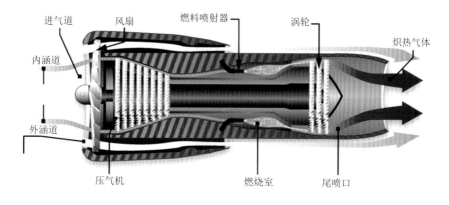

图 5-6 涡轮风扇发动机的组成部件

图 5-7 用于民航客机的涡轮风扇发动机

图 5-8 用于 F-22 飞机的涡轮风扇发动机（美国）

现在世界上推力最大的涡轮风扇发动机，是由美国通用电气公司研制的GE90-115B发动机（图5-9）。该发动机是一款高涵道比商用涡轮风扇发动机，地面台架试验中曾经达到过56.9吨的最大推力，是吉尼斯世界纪录所记载的世界上推力最大的航空发动机。该发动机于1995年11月正式投放商业市场，目前主要用于波音777

系列客机。

图 5-9 推力最大的涡轮风扇发动机（GE90-115B 发动机，用于波音 777 系列客机）

（4）涡轮桨扇发动机

涡轮桨扇发动机是可用于 800 千米 / 小时以上速度飞机飞行的一种燃气涡轮螺旋桨风扇发动机，简称涡轮桨扇发动机。这种发动机界于涡轮风扇和涡轮螺桨发动机之间，产生推力的装置是桨扇。桨扇无外罩壳，故又被称为开式风扇，其示意图如图 5-10 所示。桨扇一般有 8 ～ 10 片桨叶，桨叶薄而后掠，桨盘直径仅为涡轮螺旋桨发动机的螺旋桨的 40% ～ 50%。

桨扇发动机的突出优点是，较之涡轮螺旋桨发动机适用的飞行速度高，而较之涡轮风扇发动机推进效率高且省油。桨扇发动机与正在使用的先进涡轮风扇发动机相比可省油 20%。因此，这类发动机将在新一代亚声速运输机上得到广泛的应用。不过目前使用涡轮桨扇发动机的飞机并不多，典型的代表有"安 -70"飞机，如图 5-11 所示。

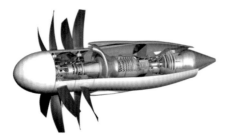

图 5-10 涡轮桨扇发动机

图 5-11 使用涡轮桨扇发动机的"安 -70"运输机（乌克兰）

（5）涡轮轴发动机

涡轮轴发动机是现代直升机的主要动力，它的组成部分和工作过程与涡轮螺桨发动机很相似；所不同的是燃气的可用能量一部分驱动压气机涡轮带动压气机转动，而大部分能量转变成自由涡轮的轴功率，用于通过减速器带动直升机的旋翼和尾桨旋转；而从尾喷管喷出的燃气基本上不提供推力。涡轮的输出轴可以由发动机的前面伸出，也可以由发动机的后部伸出，如图 5-12 所示。由于直升机的旋翼和尾桨转速不能太大，因此涡轮轴和旋翼之间有必要加装减速装置进行减速。

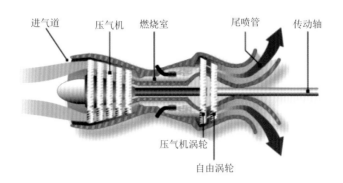

图 5-12　涡轮轴发动机的组成部件

　　涡轮轴发动机与活塞发动机相比，其主要优点是功率大、质量轻、体积小，且由于没有活塞式发动机的往复运动，振动小、噪声低。涡轮轴直升机无论从航程、速度、升限还是装载量上都比活塞式直升机要大，经济性也更好，现代直升机基本上都首选涡轮轴发动机（图 5-13）。但其耗油量要比活塞式发动机大，不过随着功率的增加，这种差距将会缩小。

图 5-13　采用涡轮轴发动机的直升机

（6）垂直起降发动机

这里所说的垂直起降发动机是指在涡轮喷气或涡轮风扇发动机的基础上发展起来的，在起飞、着陆和悬停时将发动机产生的大部分功率用于向下喷气或带动向下产生推力的升力风扇的，一种既可用于垂直起降也可用于水平飞行的燃气涡轮发动机。

图 5-14 英国的"鹞"式垂直起降战斗机（英国）

目前主要有两种形式的垂直起降发动机：应用于英国"鹞"式垂直起降战斗机（图 5-14）的可转喷口的涡轮风扇发动机（图 5-15），以及用于美国 F-35 垂直起降战斗机（图 5-16）的升力风扇与可偏转尾喷口发动机（图 5-17）。

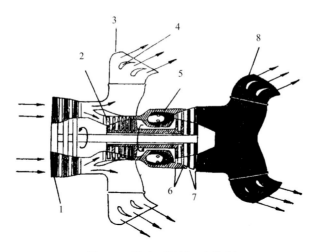

图 5-15 可转喷口的涡轮风扇发动机

1—风扇；2—压气机；3—前可转喷口；4—导流叶片；
5—燃烧室；6—高压涡轮；7—低压涡轮；8—后可转喷口

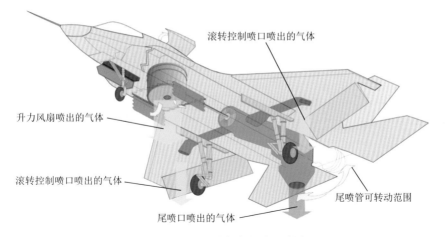

图 5-16 F-35 垂直起降战斗机（美国）

图 5-17 美国的 F-35 战斗机的升力风扇与发动机

关于燃气涡轮发动机的分类，目前还有一种新的分类方法，即分成涡轮喷气发动机、涡轮风扇发动机、涡轮轴发动机三大类。涡轮喷气发动机的定义同前。涡轮风扇发动机则包括前面所说的涡轮风扇发动机和垂直起降发动机。涡轮轴发动机则包括前面所说的涡轮螺桨发动机、涡轮桨扇发动机和涡轮轴发动机；这三类发动机均通过传动轴将机械功传递给桨叶，使用这类发动机的飞机也不能超声速飞行。

（7）冲压发动机

冲压发动机与燃气涡轮发动机不同在于：没有专门的压气机，要靠飞行器高速飞行时的相对气流进入发动机进气道后减速，将动能转变成压力能，使空气静压提高。它通常由进气道、燃烧室和尾喷管三部分组成，其结构组成如图 5-18 所示。由于没有压气机和涡轮等转动部件，因此结构大大简化。现代冲压发动机按飞行速度可分为亚声速、超声速和高超声速冲压发动机。

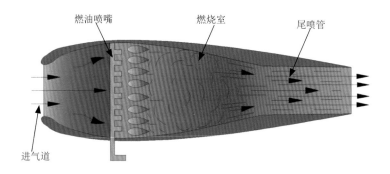

图 5-18 冲压发动机的组成部件

冲压发动机与涡轮喷气发动机相比，构造简单，质量轻，推重比大，成本低；高速飞行状态下（$M_a > 2$），经济性好、耗油率低。但由于低速时推力小、耗油率高，静止时根本不能产生推力，因此不能自行起飞，必须要有助推器助飞。另外，冲压发动机对飞行状况的变化敏感。例如，飞行速度、飞行高度、飞行迎角等参数变化都直接影响发动机的工作，因此，其工作范围较窄。目前，冲压发动机的适用范围为 M_a=0.5 ～ 6，飞行高度为 0 ～ 40 千米，推重比可达 10 以上。冲压发动机常用于靶机和飞航式战术导弹，也可用作高超声速飞行器的动力装置。

5.1.3 火箭发动机

火箭发动机不依赖于空气而工作，完全依靠自身携带的氧化剂和燃料产生高温、高压气体。因此可以在高空和大气层外使用。若按形成喷气流动能的能源的不同，火箭发动机又可分为化学火箭发动机和非化学火箭发动机。导弹和火箭基本上都使用火箭发动机，如图 5-19 所示。卫星也使用小的火箭发动机进行调整姿态和变换飞行轨道。

目前使用最多的是化学能火箭发动机。化学能火箭发动机的工作原理是将燃烧剂和氧化剂在燃烧室进行燃烧，将化学能转变成热能，生成高温燃气，经尾喷管喷出而产生推力。

图 5-19 火箭发动机

燃烧剂和氧化剂统称为推进剂。按推进剂类型的不同，火箭发动机可分为液体火箭发动机、固体火箭发动机和固 - 液混合发动机三大类。我国古代发明的火箭发动机就是一种固体火箭发动机。对于液体火箭发动机，按所用推进剂的组元（成分）数目的不同，可以分为单组元、双组元和三组元液体火箭发动机。增加组元使系统复杂，而单组元的推进剂一般能量低，单位质量燃料产生的推力较小，目前常用的是双组元推进剂。

5.1.4 组合发动机

组合发动机是指两种或两种以上不同类型发动机的组合，包括空气喷气发动机之间的组合，以及空气喷气发动机与火箭发动机之间的组合等。

5.1.5 不同发动机的适用范围

不同类型的发动机由于其结构和产生推力的原理的不同，有其各自比较适合的速度和高度范围，图 5-20 列出了各类发动机的适用范围情况，其中，a 为活塞发动机；b 为涡轮螺桨发动机；c 为涡轮风扇发动机；d 为涡轮

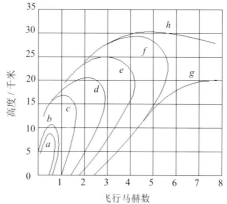

图 5-20 不同发动机所适用的速度和高度范围

喷气发动机；e 为带加力燃烧室的涡轮喷气（风扇）发动机；f 为亚声速燃烧的冲压喷气发动机；g 为超声速燃烧的冲压发动机；h 为火箭发动机。

■ 5.2 衡量动力装置的性能参数

　　发动机的性能如何关系到整架飞机的性能，如果发动机质量一定的情况下推力越大，则在相同的质量下发动机的推重比就越大，对于质量一定的飞机则飞机的推重比也越大，这也就意味着飞机的机动性、爬升速率都会提高，甚至可以实现垂直起降（图5-21）。那么到底如何对比不同发动机之间的主要性能差别呢？这里有必要介绍一下衡量发动机性能的几个重要性能指标。

　　根据前面发动机的分类，适用于航空器的发动机有活塞式发动机、空气喷气发动机。火箭发动机主要用于航天器，但也经常用于航空器作为助推器等。这里围绕这三类发动机介绍衡量动力装置性能的主要参数，如表5-1所示。

图5-21 美国F-35战斗机在强大的发动机推动下可以进行垂直起降

表 5-1 衡量动力装置性能的主要参数

发动机类型	关键参数	含义
活塞式发动机	功率	是指发动机可用于驱动螺旋桨或旋翼的功率。 飞机越重，所需要发动机功率越大。活塞式发动机为了在不同的飞行速度情况下获得合适的拉力，还需要选用合适的螺旋桨。航空活塞式发动机功率小的几百千瓦，大的可达几千千瓦
	功率重量比	是指发动机所能提供的功率和发动机自身重量（质量）之比。 首选功率重量比大的发动机，这样有利于改善飞机的飞行性能。先进的航空活塞式发动机的功率重量比可达1.85 千瓦 / 千克
	燃料消耗率	是衡量发动机经济性能的指标，有时又称耗油率。 为对比不同功率活塞式发动机的燃油消耗率，通常用产生单位功率单位时间的燃油消耗质量来定义。先进活塞发动机的耗油率在 0.28 千克 /（千瓦·时）左右
空气喷气发动机	推力	通常用海平面高度及条件，与外界空气的速度差（空速）为零时，发动机全速运转时所产生的推力来表示
	推重比	是指发动机推力与发动机本身重量之比值。 推重比大，有利于提高飞行器的飞行性能。目前先进的空气喷气发动机本身的推重比已达 8 ～ 10。有的飞机的推重比还大于 1.0
	燃料消耗率	通常用产生单位推力单位时间的燃油消耗质量来定义。 大型涡轮风扇发动机的燃料消耗率在 0.04 ～ 0.05 千克 /（千牛·时）
火箭发动机	推力	推力的定义与前面相同。 喷气发动机只能在空气中工作，而火箭发动机还能在真空情况下工作
	总冲	是指发动机在整个工作过程中能够产生的动量（冲量）。 它取决于推力的大小和工作时间。推力越大，工作时间越长，总冲越大
	比冲	是指发动机燃烧单位质量推进剂所产生的冲量。比冲的单位和速度单位一致。 比冲高有利于减少推进剂的质量和发动机的尺寸与质量，增加火箭的射程或有效载荷。固体火箭发动机的比冲约 2500 ～ 3000 米 / 秒，而液体火箭发动机的比冲高的可达 4500 米 / 秒

注：上述发动机的关键参数往往会在出厂说明书中载明。

5.3 喷气式飞机进气道的布局形式

喷气式飞机的发动机进气道是保证喷气发动机正常工作的重要部件之一，它直接影响到飞机发动机的工作效率，对发动机的正常工作、发动机的推力大小等有着至关重要的作用。因此，喷气式飞机的发动机进气道对于飞机的性能尤其是战斗机的性能有很大的影响。

不同的喷气式飞机，其发动机进气道的形状和位置往往有较大的差别。这种差别是由飞机的性能要求所决定的，也跟航空科技发展有密切的关系。在选择和布置喷气式发动机进气道时，应该满足发动机有较高的工作效率，或应保证飞机具有最佳性能要求，或应保证飞机能达到最佳飞行性能的要求。图 5-22 示出了一种现代战斗机的进气道，从该图可以看出，进气道的形状是非常复杂的。

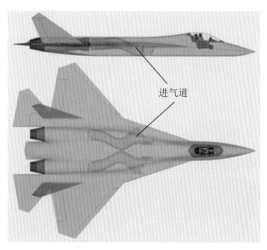

图 5-22 外媒报道的俄罗斯 PAK-FA
战斗机的进气道

近些年来，进气道的设计在科技的带动下有了很大的发展，使得喷气战斗机的飞行速度越来越快，性能越来越高，可以说它的重要性越来越明显。目前，发动机进气道已经成为飞机机体设计中一个独立的组成部分，进气道的设计也成为飞机性能提高的重要因素之一。

喷气式飞机的发动机进气道按其在飞机上的位置不同，大体上分为正面进气和非正面进气两大类。进气口是进气道系统中最直观的部分，根据进气口的外观基本上可以确定进气道的分类。

5.3.1 正面进气布局

正面进气布局是指进气口位于机身或发动机短舱头部的进气道布局。

正面进气包括机头正面进气和短舱正面进气。早期的战斗机进气口多数在头部，如苏联的米格-15（图5-23）、米格-19、米格-21，美国的F-86（图5-24），我国的歼-7、歼-8等。

军用运输机和民航客机等运输类飞机的发动机多采用翼吊安装方式（图5-25、图5-26）或尾吊安装方式（图5-27、图5-28），并采用短舱正面进气的进气道布局，如美国的 C-17 军用运输机、C-5 军用运输机，俄罗斯的伊尔 -76 运输机（图 5-25），及多种民航客机（图 5-26、图 5-27）。也有部分战斗机采用了短舱正面进气的形式，如美国的 A-10 攻击机（图 5-28）。

这种进气布局的优点是进气口前流场干扰较小，构造简单。其缺点也很明显，在机头进气时，飞机无法安装大型雷达天线，同时进气通道也太长，不利飞机内部设备安装，因此现代战斗机越来越少采用机头正面进气布局。

图 5-23　发动机采用机头正面进气的苏联米格 -15 战斗机

图 5-24　发动机采用机头正面进气的美国的 F-86 战斗机

图 5-25　发动机采用短舱正面进气的伊尔 -76 大型军用运输机

图 5-26　发动机采用短舱正面进气的空客 A-380 民航客机

图 5-27　发动机采用短舱正面进气的 ARJ-21 民航客机

图 5-28　发动机采用短舱正面进气的美国的 A-10 攻击机

■ 5.3.2 非正面进气布局

非正面进气布局包括两侧进气、腹部进气及背部进气等进气道布局形式。

两侧进气形式包括机身两侧进气、翼根两侧进气及翼中两侧进气三种，三者之间略有差别，这里对其区别不作详细解释。采用机身两侧进气的代表机型有美国的F-104、F-4（图5-29）、F-15（图5-30）、F-22（图5-31）、F-35（图5-32）等，苏联的米格-23（图5-33）、米格-25（图5-34），中国的歼-8Ⅱ、强-5等，欧洲的幻影-2000等。采用翼根两侧进气的有美国的F-105（图5-35），瑞典的萨伯-35，中国的轰-6（图5-36）。采用翼中两侧进气的有英国的"勇士""胜利者""火神"（图5-37）轰炸机等，及英国早期的"彗星号"旅客机。

图5-29 发动机采用机身两侧进气的美国的F-4
战斗机

图5-30 发动机采用机身两侧进气的美国的F-15
战斗机

图5-31 发动机采用机身两侧进气的美国的F-22战斗机

图 5-32 发动机采用机身两侧
进气的美国的 F-35 战斗机

图 5-33 发动机采用机身两侧进气的
苏联的米格 -23 战斗机

图 5-34 发动机采用机身两侧进气的
苏联的米格 -25 战斗机

图 5-35 发动机采用翼根两侧进气的美国的 F-105 战斗机

图 5-36 发动机采用翼根两侧进气的中国的轰 -6
轰炸机

图 5-37 发动机采用翼中两侧进气的英国的"火神"轰
炸机

　　腹部进气形式包括机身腹部进气形式和机翼腹部进气形式。采用腹部进气的有
美国 F-16（图 5-38）、B-1B（图 5-39），欧洲的 EF-2000，俄罗斯米格 -29、苏 -27
系列飞机（图 5-40）、图 -144（图 5-41），中国的歼 -10（图 5-42），英法合作的"协
和"号旅客机。

图 5-38 发动机采用腹部进气的美国的 F-16 战斗机

图 5-39 发动机采用腹部进气的美国的 B-1B 轰炸机

图 5-40 发动机采用腹部进气的俄罗斯的苏 -27 系列战斗机

图 5-41 发动机采用腹部进气的俄罗斯的图 -144 超声速客机

图 5-42 发动机采用腹部进气的中国的歼 -10A 战斗机

图5-43 发动机采用背部进气的美国的
B-2隐形轰炸机

图5-44 发动机采用背部进气的美国的F-117
隐形战斗机

图5-45 发动机采用背部进气的美国的X-45无
人战斗机

　　背部进气形式包括机身背部进气形式和机翼背部进气形式。采用背部进气的有美国B-2（图5-43）、F-117（图5-44）、X-45（图5-45）、"全球鹰"（图5-46）等。

　　非正面进气布局克服了正面进气的缺点。其中，腹部进气布局和两侧进气布局充分利用了机身与机翼的有利遮蔽作用，能减小进气口处的流速和迎角，从而改善进气道的工作条件；在战术机动性能上，飞机在大迎角机动时发动机工作状态平稳。背部进气布局还能通过机翼和机身这些机体结构对发动机进行遮蔽，从而提高飞机的隐身性能。

图5-46 发动机采用背部进气的美国的"全球鹰"无人机

　　当然，不同喷气式飞机尾喷口的布置方式和构型也有一定的差别，对于动力装置的性能和飞机的性能也有一定的影响，在此不作详细展开。感兴趣的读者可以参阅有关资料。

第六章

航空器的构造

航空器的结构是航空器各受力部件和支撑构件的总称，又称航空器的构造。就像房屋的骨架一样，航空器的结构起到维持外形、承担各种载荷等多方面的作用。航空器结构要承受内部载重、动力装置和外部空气动力引起的载荷，承载内部设备及人员，提供工作空间。可以说，结构组成了航空器的各个部分的支撑构架，又将航空器各个部分连成一个整体。

本章在阐述飞机结构所受的外载荷的基础上，介绍飞机的构造、气球与飞艇的构造、直升机桨叶的构造、结构设计制造要求，并归纳航空器常用的材料。

6.1 飞机的外载荷

飞机在使用过程中必然会受到各种各样的力的作用,包括重力、升力、拉力、阻力、地面支持力/冲击力等。这些力在不同的飞行场合,大小和方向都有所区别。这种受力是结构设计的基础。直升机、气球和飞艇的受力情况与飞机有相似之处,也有较大的区别,本文不作介绍。

图 6-1 示出了飞机在飞行过程中的外载荷情况,这里有的载荷是以分布载荷的形式作用于飞机上,有的是以集中载荷的形式作用于飞机上。这里分布载荷包括空气动力和自身质量力(重力和惯性力),其中 q_1 为气动升力沿翼展方向的分布,q_2 为质量力沿翼展方向的分布。需要说明的是这里没有示出分布形式的空气阻力(水平向后)。集中载荷是由其他部件通过接头传给机翼结构的,因其一般集中作用在个别的连接点上而称为集中载荷,如发动机传给机翼的质量力 G 和拉力 P,以及机身传给机翼的集中力和力矩。

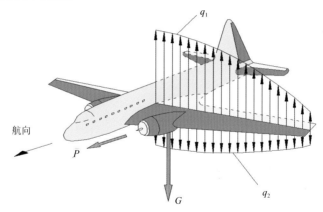

图 6-1 机翼上的外载荷

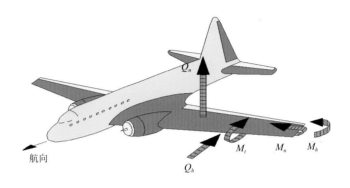

图 6-2 机翼上的外载荷产生的力和力矩

以上这些载荷综合起来，使机翼结构上承受如图 6-2 所示的弯矩（M_n 和 M_h）、剪力（Q_n 和 Q_h）和扭矩（M_t），并在结构中形成内力平衡这些力和力矩。图 6-2 中，M_n 为由垂直剪力 Q_n 引起的、作用在垂直面内的弯矩，M_h 为由水平剪力 Q_h 引起的作用在弦平面内的弯矩，M_t 为由垂直剪力 Q_n 引起的扭矩。在剪力、弯矩和扭矩的作用下，机翼将产生结构变形。弯矩使得机翼产生弯曲变形，扭矩导致机翼产生扭转变形。

飞机在其他情况的受力这里不作展开，感兴趣的读者可以参考有关的专业书籍。

6.2 飞机和直升机的构造

飞机的结构主要包括机翼、尾翼、机身、起落架等。机翼和尾翼的结构类似，都具有厚度小、刚度小、气动力要求高等特点。机身的结构相对较高，对各部件和系统起连接和支持作用。起落架在起飞和降落时要承受很大的冲击力。

飞机的机身和起落架的构造同样也适用于直升机。这里不对直升机机身和起落架的构造展开叙述。

为了让读者对飞机和直升机的结构有一个宏观的印象，这里列出了几种典型的航空器的结构图，如图 6-3 ～图 6-8 所示。

图 6-3 欧洲 A-400 运输机的结构

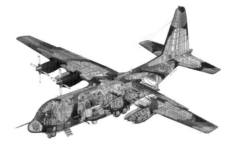

图 6-4 美国 C-130 运输机的结构

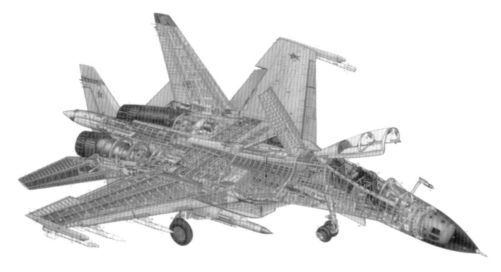

图 6-5 俄罗斯苏-30 战斗机的结构

图 6-6 美国"支奴干"直升机的结构

图 6-7 单旋翼直升机的结构

图 6-8 美国 V-22 倾转旋翼机的结构

■ 6.2.1 机翼的构造

机翼是为飞机提供升力的主要部件，所产生的升力可以维持飞机在空中的稳定飞行以及提供必要的操纵力。机翼结构的构件包括纵向骨架（沿翼展方向的骨架）、横向骨架（沿气流方向或垂直于翼梁方向的骨架）和蒙皮（图 6-9）。纵向骨架有翼梁、纵墙和桁条，横向骨架有普通翼肋和加强翼肋。

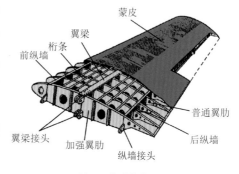

图 6-9 机翼构件图

6.2.1.1 机翼的结构构成

（1）纵向骨架

① 翼梁　翼梁（图 6-10）是机翼里面最强有力的纵向构件，它承受由外载荷转

化而成的大部分弯矩和剪力，在机翼根部与机身用固定连接接头（图 6-11 所示翼梁接头）连接。图 6-10 所示是一种组合式工字形翼梁，它由较大的上、下凸缘（也称缘条）、支柱和腹板四部分组成，上、下凸缘以拉压力（N）形式承受弯矩（M），机翼越厚上下凸缘的距离（H）越远，凸缘中的轴向拉压力就越小；腹板用来承受垂直于梁的剪力（Q），为了提高承受载荷的能力，用一些立柱来加强腹板，以防止腹板失稳，就好比竹节对竹子的支撑以抵抗被风吹而失稳的作用一样。有些翼梁还采用铝合金或合金钢整体锻造而成（图 6-11）。

② 纵墙　纵墙结构与翼梁差不多，它主要承受剪力，相对翼梁而言承受弯矩很小或根本不承受弯矩。纵墙的凸缘较小，在机翼根部与机身用较弱的固定接头或用铰链接头连接。

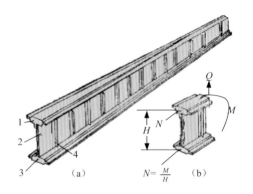

图 6-10　翼梁的构造
1—上缘条；2—腹板；
3—下缘条；4—支柱

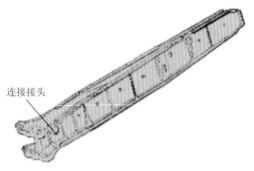

图 6-11　整体式翼梁

纵墙通常布置在机翼的前后缘部分，与上下蒙皮相连，形成封闭盒段承受扭矩。靠后缘的纵墙还可以悬挂襟翼和副翼。典型的纵墙构型如图 6-12 所示。

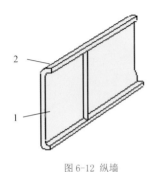

图 6-12　纵墙

1—腹板；2—很弱的缘条

图 6-13　各种样式的桁条

③ 桁条　桁条（又称长桁）主要用于支撑蒙皮，提高蒙皮的承载能力，将蒙皮的气

动力传递给翼肋。桁条沿展向布置,固定在翼肋上。桁条的剖面形状有多种样式(图6-13)。

（2）横向骨架

① 普通翼肋 普通翼肋的直接功用是形成机翼剖面所需的形状,并与桁条、蒙皮、翼梁、纵墙相连,为桁条、蒙皮提供支持。

为了减轻重量和让内部零件通过,翼肋上开有减轻孔。为了与蒙皮连接及自身受力,翼肋上下有类似翼梁的凸缘的缘边。翼肋可以是由板材弯制而成的腹板式(图6-14),也可以是组合式的,图6-15是一种桁架式组合翼肋(又称构架式翼肋)。

② 加强翼肋 加强翼肋(图6-9)在有集中载荷的地方(如安装发动机、起落架与机身连接等)或结构不连续处(如大开口)布置,实际上就是在普通翼肋的基础上进行加强。加强翼肋除了起到普通翼肋的作用之外,还能把集中载荷传递到结构中去。

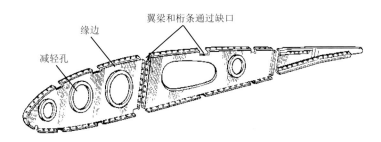

图 6-14 腹板式翼肋

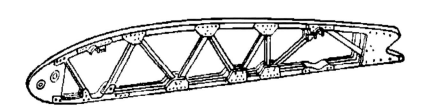

图 6-15 构架式翼肋

（3）蒙皮

蒙皮是包围在机翼骨架外的维形构件,用粘接剂或铆钉固定于骨架上,形成机翼的气动力外形。蒙皮除了形成和维持机翼的气动外形、承受局部气动力之外,还能和梁腹板/纵墙腹板一起构成闭室承担绝大部分的扭矩及一部分剪力。比较厚的蒙皮还能承受较大的弯矩。早期低速飞机的蒙皮是布质的,而如今飞机的蒙皮多是用硬铝板材制成的金属蒙皮,还有复合材料蒙皮。有的蒙皮还制作成夹层结构(图6-16)。

夹层蒙皮的上下面板可用金属材料，也可用复合材料制造。内部一般采用蜂窝夹层或泡沫夹层（图6-16）。夹层材料中充满空气和绝热材料，可以起到良好的隔热作用，能较好地保护其内部设备。蜂窝夹层机翼的纵墙和翼肋往往都用蜂窝夹芯板制成。泡沫实心夹层机翼的受力构件少，构造简单，通常用在较小的机翼、尾翼或舵面等部件上。

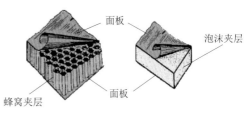

图6-16 夹层式蒙皮

对于蒙皮为什么能够承受扭矩，读者可能会感到疑惑。为了理解封闭剖面为何可以承受扭矩，下面来做一个简单的试验，取两个完全相同的硬纸筒，将其中一个沿纵向剪开一个长缝（图6-17右侧）。用两手握住筒的两端，各施加方向相反的扭矩，就会发现未开缝的纸筒扭不动，而开缝的纸筒很容易就可扭动，这说明封闭的剖面具有较大的扭转刚度。同样，机翼也是利用上、下蒙皮和翼梁及纵墙的腹板形成的封闭盒段，有着很大的扭转刚度，来承受外载荷引起的扭矩（图6-18）。

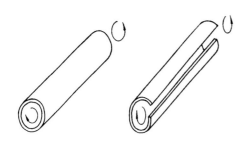

图6-17 薄壁筒受扭

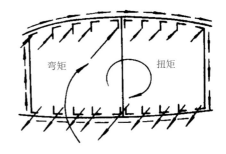

图6-18 机翼封闭盒段的受力示意图

6.2.1.2 机翼的构造形式

机翼构造形式很多，它的发展是随着飞行速度的提高而变化的，其主要有蒙皮骨架式、整体壁板式和夹层式三种典型类型。实际飞机的机翼构造形式可以是以上三种典型形式，也可以是几种形式的组合或介于典型形式之间的过渡形式。

（1）蒙皮骨架式

蒙皮骨架式机翼又称薄壁构造机翼（图6-19），主要包括梁式、单块式、多腹板式等。梁式机翼又可按翼梁的数目不同分为单梁式、双梁式和多梁式机翼。梁式机翼的特点是蒙皮较薄，桁条较少，弯矩主要是由很强的翼梁来承受。梁的缘条剖面与长桁剖面相比要大得多。梁式机翼在展弦比较大的机翼上使用比较多。

随着飞行速度的提高，局部气动载荷加大，为保持蒙皮的强度和刚度，需要增加蒙皮厚度和桁条数量。由厚蒙皮和桁条组成的壁板已经能够承担大部分弯矩，因而梁的凸缘可以减弱，直至变为纵墙，于是发展成单块式和多腹板式机翼（图6-20）。单块式较之梁式机翼蒙皮更厚，结构的效率高。多腹板式机翼多用于展弦比较小的飞机，但根部接头也较多。

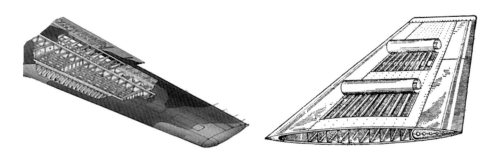

图 6-19 蒙皮骨架式机翼　　　　　　　　　　　图 6-20 多腹板式机翼

（2）整体壁板式

整体壁板式机翼是将蒙皮与纵向骨架、横向骨架合并成上下两块整体壁板（图6-21），然后用铆接或螺接连接起来。上、下壁板一般是用整体材料，用锻造或化学加工等方法制造而成的。这种机翼的特点是强度大、刚性好，铆接缝少，表面光滑，气动外形好，零件少，装配容易。这种形式还对使用机翼整体油箱有利，它能有效地利用机翼内部空

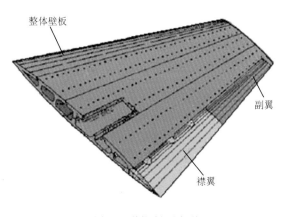

图 6-21 整体壁板式机翼

间。整体壁板结构除了用金属材料外，也很适合于用复合材料制造。整体壁板式机翼多用于超声速甚至高超声速飞机。

（3）夹层式

夹层式机翼主要是以夹层壁板做蒙皮，甚至纵墙和翼肋也是用夹层材料制造（图6-22）。夹层壁板依靠内外层面板承受载荷，很轻的夹芯对它们起支持作用。与同样重量的单层蒙皮相比，夹芯蒙皮的强度大、刚度大，能承受较大的局部气动

载荷，并有良好的气动外形。当翼面高度较小时可采用全高度填充的实心夹层结构（图6-23）。夹层式机翼往往在多种速度范围的飞机上都有应用。

　　飞机的尾翼与舵面的构造与机翼相似，只是尺寸和受力都较小而已，这里不再叙述。机翼和尾翼选择何种构造形式取决于很多方面的因素，有时甚至在不同的部位采用不同的构造形式。

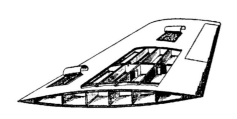

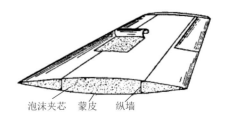

泡沫夹芯　蒙皮　纵墙

图 6-22 夹层式机翼　　　　　　　　　　　图 6-23 实心夹层式机翼

■ 6.2.2 机身的构造

　　机身的作用是装载人员、货物、设备、燃油等物品，同时固定机翼、尾翼、起落架等部件使之连成一个整体。机身横截面以圆形为最好。但为满足其他要求（如安装发动机、保证良好的视界、隐身等），往往不得不采用椭圆形、卵形以及其他各种各样的形状。一架飞机的机身可分为若干段，根据需要每段的横截面形状可以不相同，一段的形状逐渐过渡到另一段。图 6-24 ～图 6-26 是几种典型的机身构造图。

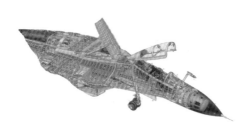

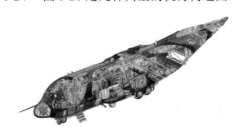

图 6-24 俄罗斯苏 -30 战斗机的机身结构（部分）　　　图 6-25 美国 C-130 中型运输机的机身结构（包含部分机翼）

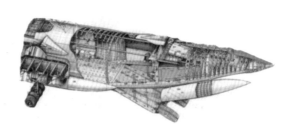

图 6-26 俄罗斯伊尔 -76 大型运输机的机身结构（前部和后部）

机身的结构形式与机翼类似，也可分为蒙皮骨架式（图6-27）、整体壁板式（图6-28）和夹层式（图6-29）三种。

蒙皮骨架式机身包括桁梁、桁条、隔框和蒙皮。桁梁本身没有腹板，它是利用

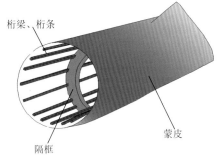

图 6-27 蒙皮骨架式机身

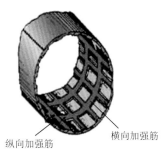

图 6-28 整体壁板式机身

机身蒙皮当作它的腹板来承受载荷的，因其又像桁条而称为桁梁，只是比桁条粗大许多；维持横截面形状的称为隔框（机翼中称翼肋）；这种机身的蒙皮一般很薄。

整体壁板式机身没有桁条、桁梁和隔框，取而代之的为横向和纵向加强筋，加强筋往往和蒙皮一体加工成形，蒙皮一般较厚。

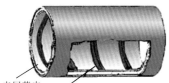

图 6-29 夹层式机身

夹层式机身没有桁条和桁梁，蒙皮采用夹层形式，一般也有隔框。这种机身的蒙皮构造和夹层式机翼的蒙皮类似。

■ 6.2.3 起落架的构造

飞机的起降装置多种多样，其中轮式起落架使用最多。这里对轮式起落架的构造进行简要介绍。典型的起落架由减震器、支柱、机轮和刹车装置以及收放机构等部件组成（图6-30）。

减震器作用是吸收着陆和滑跑时的冲击能量，减小冲击载荷，改善乘坐品质。

支柱用来承受地面各个方向的载荷并作为安装机轮的支撑部件。为了充分利用构件，减轻重量，减震器和支柱可以合二为一。

机轮用于满足地面运动，并有一定的减震作用。刹车装置安装在机轮上，以减小着陆滑

图 6-30 起落架的组成

跑距离，同时利用主起落架的左右机轮不同的刹车力可以使飞机在地面转弯，提高地面机动性。现代大型飞机的起飞重量达 300 吨以上，为减小机轮对跑道的压力，在一个起落架上安装两个以上的机轮，超大型飞机甚至采用 4 ～ 8 个机轮。

收放机构用于起落架的收起和放下。飞行时收起起落架以减小阻力，着陆前放下起落架，收放机构同时用于固定支柱，使支柱与机体成为一个整体受力的构件，而不是一个可改变形状的机构。

■ 6.2.4 直升机桨叶的构造

旋翼系统是直升机提供升力的部件,这其中升力产生于旋翼的桨叶与空气的相对运动。由于要产生升力，因此桨叶在设计时对于空气动力特性有严格要求。除此之外，由于旋翼在旋转过程中振动比较严重，因此旋翼桨叶还有动力学和疲劳方面的要求。

旋翼桨叶的发展是建立在材料、工艺和旋翼理论基础上进行的。依据桨叶发展的先后顺序，有混合式桨叶、金属桨叶和复合材料桨叶三种形式。混合式桨叶是指由金属材料和木材混合制成的桨叶。这种桨叶在 20 世纪 50 年代后期逐渐被全金属桨叶所代替。目前来看，先进的直升机大多采用复合材料桨叶。这里只重点介绍金属桨叶与复合材料桨叶的结构特点。尾桨桨叶与旋翼桨叶有类似之处，这里不再专门叙述。

6.2.4.1 金属桨叶

金属桨叶由铝合金大梁和胶接在后缘上的后段件组成。后段件外面包有金属蒙皮，中间垫有泡沫塑料或蜂窝结构，如图 6-31 所示。这种桨叶较之早期的混合式桨叶气动效率高，刚度好，同时加工比较简单，疲劳寿命较高。因此，金属桨叶逐渐替代了混合式桨叶。第二代直升机的旋翼基本上都使用金属桨叶。根据大梁的形状和成形工艺不同，金属桨叶又可分为空心挤压梁桨叶、C 形挤压梁桨叶、管梁桨叶和多闭腔组合梁桨叶（具体情况可参阅有关书籍）。

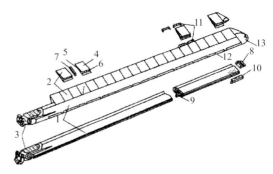

图 6-31 金属桨叶的构造

1—大梁；2—分段件；3—桨根接头；
4—上蒙皮；5—下蒙皮；6—蜂窝支持件；
7—翼肋；8—桨尖可调配重；
9—防振配重；10—挡块；11—调配片；
12—不锈钢包皮；13—桨尖整流罩

6.2.4.2 复合材料桨叶

20世纪70年代初，复合材料开始在旋翼桨叶中开始使用，旋翼桨叶又进入一个新的发展阶段，即使用复合材料桨叶（图6-32）。复合材料桨叶构型根据大梁的典型剖面结构形式的不同，又可分为C形梁单闭腔结构、D形梁双闭腔结构和多闭腔结构等结构形式。

图6-33为"海豚"直升机的复合材料桨叶结构，采用多闭腔结构。主承力件C形大梁主要承受离心力并提供了大部分弯曲刚度，它是由抗拉及弯曲方面比刚度和比强度（比刚度和比强度这两个概念将在后文加以介绍）较高的零度单向玻璃纤维预浸带构成。在翼型前部和后部各布置了一个Z形梁。前后Z形梁与蒙皮胶接在一起，使桨叶剖面形成多闭腔结构，以承担扭矩；另外，桨叶蒙皮全部采用了与展向呈±45°的碳纤维布铺成，以提高桨叶的扭转刚度。桨叶采用泡沫塑料作为内部支持件，前缘包有不锈钢片防止磨蚀。

复合材料桨叶根部连接方式是一个突出的问题。为了不切断纤维，一般方式是使纤维缠绕在金属件上，使桨根结构干净光滑，没有明显的应力集中。这样不仅提高了疲劳强度，也大大减少了维护工作量。

第三、四代直升机的旋翼基本上都使用复合材料桨叶。

图6-32 直升机的复合材料桨叶

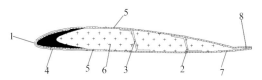

图6-33 复合材料桨叶的构造

1—前缘包皮；2，3—Z形梁；4—大梁；5—蒙皮；
6—泡沫塑料支持件；7—蒙皮；8—后缘条

6.3 气球与飞艇的构造

气球和飞艇都属于轻于空气的航空器，靠囊体内充入轻于空气的氢气或氦气升空，分为载人和不载人两种。从航空器的发展来看，先是发明了气球、飞艇，而后才诞生了滑翔机，再是发明了飞机。真正作为航空器的气球，目前主要有两类：一类是氢气球，它是不载人的，主要作为高空探测使用，如大气环境监测等；另一类是热气球，主要用于体育运动、广告庆典等活动，大多数热气球是载人的。

飞艇是在气球的基础上增加了动力装置和气动舵面，可以进行有动力飞行和方向控制的轻于空气的航空器。早期的飞艇采用氢气作为浮力气体，但氢气具有易燃易爆的特点，非常危险；早期德国著名的载人飞艇"兴登堡"号采用的就是氢气（图6-34），并投入商用运营，但后来发生了一次火灾导致艇毁人亡，死亡百余人，在世界范围内产生了强烈的影响；此后，载人飞艇几乎销声匿迹。因此，后来出于安全的原因，载人飞艇的气体被惰性气体——氦气所取代。

氦气飞艇主要用于运输、吊装、观光、环境监测、空中预警等用途。在运输方面它有运输成本低，安全可靠等优点。

图 6-34 失火后的德国"兴登堡"号飞艇

在军事应用方面，由于气囊材料是非金属的，雷达反射很小，所以作为空中预警有其独到之处。此外，也有与热气球类似采用热空气作为浮力气体的飞艇——热气飞艇，主要用于飞行运动和广告宣传。

■ 6.3.1 气球的构造

（1）氢气球

氢气球的构造如图 6-35 所示。球面材料由塑料薄膜制成，气球下面连有吊篮，用于装载探测设备和仪器；气球还有放气口，吊篮内有压舱物，作为控制气球升降之用。在地面时由于大气的压力，气球体积较小［图 6-35（a）］。随着高度的升高，大气压力逐渐减小，气球的体积逐渐增大［图 6-35（b）］，当氢气体积膨胀到超过球体体积时，氢气从放气口溢出，直至达到平衡高度。这种气球又称为零压差式气球。

氢气球一般飞行高度在 30 ～ 40 千

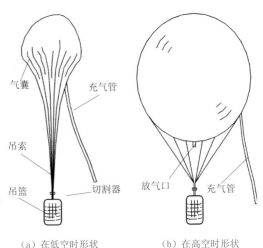

（a）在低空时形状　　（b）在高空时形状

图 6-35 探空氢气球

米。在某一高度上浮力和重力达到平衡，则气球维持高度不变，并利用高空大气环流飞行。在高空，不同高度的大气风向是不同的，通过放出氢气或抛掉压舱物（配重）使气球下降或上升，气球可按照预先计划的飞行路线飞行。任务完成后，可以通过遥控装置将气球与吊篮的连接缆绳切断；此后气球上升后破裂，掉落地面；吊篮可用降落伞回收，取回实验探测设备和试验仪器。

（2）热气球

热气球顾名思义是利用热空气比空气轻的原理，在大气中产生浮力飞行的。热气球飞行员可以利用不同高度风向的差别或不同地形对气流的影响，操纵控制气球飞行，但总的飞行方向是顺风飞行。

热气球的构造如图 6-36 所示。现代热气球球面材料是由高强度尼龙绸经涂覆气密涂料制成（图 6-37）。气球下面系有吊篮，用于装载人员、加热器和燃料。热空气是通过装在吊篮上部的加热器燃烧燃料从而加热气囊中的空气产生的。

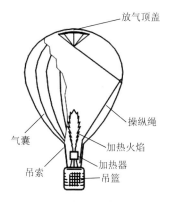

图 6-36 热气球构造示意图   图 6-37 五彩斑斓的热气球

热气球的下部是敞开的，加热器将空气加热，使热气球内平均温度增加，热气球上升。球内相对冷的空气和燃烧的废气由下部排出。这样在飞行时可以通过加热使得气球上升；停止加热，气球中的空气冷却后，气球又会下降。此外，在气球顶部还有放气窗口，必要时可以由人力拉动操纵绳打开窗口，放出热气，使热气球下降。由于气球始终要向外散热，因此要维持飞行高度，必须进行间歇式加热。

■ 6.3.2 飞艇的构造

气球只能依靠自然界的风力顺风飞行，而飞艇是由发动机提供前进动力的轻于空气的航空器。

（1）飞艇的构型

飞艇根据构型不同可分为：纯浮力式、浮力和气动升力混合式以及浮力和旋翼混合式三种类型。

纯浮力式飞艇的全部浮力由其上部充入氢气的气囊产生，这种构型的飞艇目前采用比较多。气囊下部带有吊舱，吊舱上装有使飞艇前进的发动机。气囊尾部装有

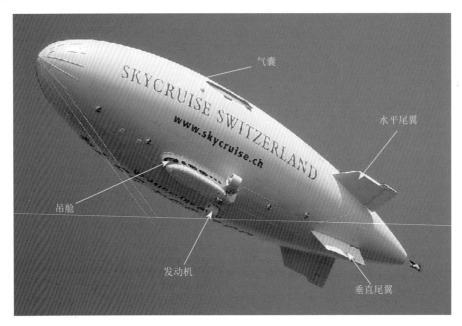

图 6-38 纯浮力式飞艇

硬式的呈十字形分布的水平尾翼和垂直尾翼，尾翼后面有升降舵和方向舵（图6-38）。

浮力和气动升力混合式，除了气囊产生浮力外，飞艇还带有类似飞机机翼的升力面（图6-39）。在飞行中依靠前进速度产生部分升力。通常这类飞艇可以在较大载荷下获得较高的飞行高度。图6-39为英国的"巨型起重机"混合式氢气飞艇方案，它就是一个庞然大物；按照设计在载180吨货物后，能以330千米/小时的速度飞行1.6万千米。图中还将其大小和航天飞机进行了比较。

浮力和旋翼组合式飞艇，是将气囊和类似于直升机的旋翼组合起来产生升力（图6-40），或直接在气囊下装几架直升机。这种飞艇有非常大的载重量，可以用来吊装重物，其起吊重量可达上百吨。

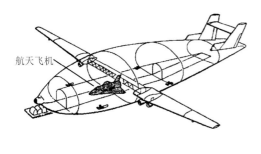

航天飞机

图 6-39 巨型浮力和气动升力混合式飞艇与航
天飞机的大小比较

图 6-40 浮力和旋翼组合式飞艇

（2）飞艇的结构形式

从结构形式上看，飞艇有软式、半硬式和硬式三种。三种形式的差别主要在于气囊的构造。

① 硬式飞艇的结构　硬式飞艇是在金属骨架上蒙以气密型的织物（如多层涂胶尼龙绸）构成气囊（图 6-41）。这种飞艇气囊外形维持好，头部承压大，飞行速度较高，气囊重量大，体积大。例如 1931 年 9 月 23 日首飞的由美国海军建造的大型硬式飞艇"阿克伦"号，其气囊长度为 239 米，容积达 184080 立方米。

图 6-41 硬式飞艇的骨架

② 软式飞艇的结构　软式飞艇（图 6-42）没有金属骨架，全部用织物制成气囊，用绳索连接吊舱。这种形式的飞艇一般体积较小，飞行速度较高时需要有较大的内外压差，以保证飞艇的外形。有些飞艇为提高气囊抗风能力，增加飞行速度，在气囊头部装有锥形支撑件（图 6-43）。有些软式飞艇的材料是透明的，在其内部安装

灯光，夜间飞行时色彩鲜艳，通体透亮，是很好的广告载体。

图 6-42 软式飞艇

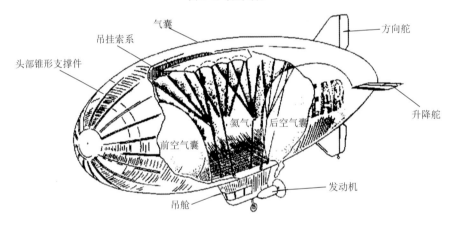

图 6-43 软式氢气飞艇的构造

热气飞艇（图 6-44）都是软式飞艇，气囊材料与热气球相同，加热系统也与热气球相同。由于热气飞艇是软式飞艇，要维持气囊的流线形，必须有一定的内压，它往往不像热气球那样下部是开敞的，吊舱与气囊的连接是密封的，吊舱顶部有增压风扇给气囊增压并补充新鲜空气。热气飞艇的内压比软式氢气飞艇小，飞行速度

图 6-44 热气飞艇

也小，最大只有 30 ～ 40 千米 / 小时。一般热气飞艇的尾翼是软式的，并且通常只有方向舵而没有升降舵。升降操纵是通过控制热空气的加热程度实现的。加热多则上升，下降可以通过等待气体冷却或操纵顶部的放气口放气来实现。

③ 半硬式飞艇的结构　半硬式飞艇界于软式和硬式之间，在气囊头部气动载荷较大部位和气囊尾部安装舵面部位采用硬式骨架，其余部分是软式气囊。

（3）飞艇的平衡与操纵

飞艇在空中飞行时，必须保证一定的姿态（囊体基本水平），这就涉及飞艇的平衡问题。在氢气飞艇的气囊内，前后有两个充入空气的副气囊（图 6-43），当改变前后副气囊的体积时，浮力中心发生改变，这样就可以进行飞艇的俯仰姿态控制。减小前副气囊中空气的体积、增大后副气囊中的空气体积，主气囊体中的氢气被挤向前部，使前部重量减小、后部重量增加，飞艇抬头。反之则飞艇低头。同时增大或减小前后副气囊的体积可使氢气部分减小或增大，整个气囊的浮力就会减小或增大，用以操纵飞艇升降。

也有一些飞艇没有前后副气囊，升降操纵是利用升降舵操纵的。当然也可以同时操纵副气囊和升降舵，操纵效果更好。副气囊操纵缓慢，设备复杂，但操纵力矩大，通常用于大型硬式飞艇。而升降舵操纵灵敏，但操纵力矩小，这种类型多用于小型飞艇。氢气飞艇的航向操纵与飞机相同，通过操纵尾部的方向舵实现。

6.4 航空器的常用材料

材料是航空器研制中必不可少的。相比于其他工程，航空航天工程对材料的要求更高，既要保证材料有足够的强度以及刚度，同时还对材料的相对重量有着近乎苛刻的要求。为了减轻结构重量，除了采用合理的结构形式之外，非常有效的方法是选用强度、刚度大而重量轻的材料。所谓强度是指结构的抵抗破坏的能力，强度大则抵抗破坏的能力强。所谓刚度则是指结构抵抗变形的能力，刚度大则相同的载荷情况下变形小。通常用相对参数来表示材料的强度和刚度，即比强度和比刚度，如下式。

比强度 = 抗拉强度（σ_b）/ 密度（ρ）　　比刚度 = 弹性模量（E）/ 密度（ρ）

在选用结构材料时，应尽量采用比强度和比刚度大的材料。其次，根据不同的飞行和环境条件，还要求材料具有一定的耐高温和耐低温性能，要具有良好的抗老化和耐腐蚀能力，要具有足够的断裂韧性和良好的抗疲劳性能。另外还要求材料具有良好的加工性能，资源丰富，价格低廉。这里简单介绍一下航空器的常用材料的种类、选材要求与发展趋势。

■ 6.4.1 常用材料

（1）铝、镁合金类

金属中铝合金在航空航天中应用最为广泛（图6-45），这与铝合金有较高的比强度（铝密度为2.7克/立方厘米，约为钢的1/3；强度约为普通钢的1/2）和比刚度，具有良好的耐腐蚀性和低温性能，并且价格低廉有关。镁合金密度更小（1.75～1.9克/立方厘米），其比强度和比刚度与铝合金和合金钢相当。镁合金的机械加工性能优良，但耐腐蚀性

图 6-45 采用铝合金的客机中机身结构

较差，适用于制造承力较小、壁厚较大的零件。在飞机上，铝合金主要用于制作各种板材，如机翼的上下蒙板、机身蒙皮等。

（2）合金钢类

合金钢包括高强度的结构钢和耐高温耐腐蚀的不锈钢。高强度合金钢具有比强度高、工艺简单、性能稳定、价格低廉等特点，适合制造承受大载荷的接头、起落架和机翼大梁等构件。

不锈钢具有良好的耐腐蚀性和耐低温性，可以制造存放液氢、液氧的容器。耐高温的不锈钢还是制造发动机的主要材料。

此外，飞机的接头部位往往会选用钢材料以减少所占用的结构空间。

（3）钛合金类

钛合金的密度不到钢的2/3，但强度却近于合金钢，因此具有较高的比强度。钛合金具有较好的耐热性，工作温度可达400～550℃，在该温度下的比强度明显优于耐热不锈钢，因此往往在一些需要耐高温的结构上广泛使用。另外它在潮湿的大气和海水中的耐腐蚀性也优于不锈钢。但钛合金也存在其缺点，就是加工成型较困难，价格比较昂贵。

钛合金常被选为机翼主要结构受力部位的材料，如欧洲"狂风"、俄罗斯的苏-27战斗机的主翼盒就都采用了大量的钛合金材料，并获得了良好的减重效果。美

国 SR-71 高空侦察机由于飞行速度达到 3.0 倍声速以上，气动加热比较严重，使用铝合金已经不能满足耐高温的要求，故采用了较大量的钛合金。

（4）复合材料

复合材料是指由两种或多种材料复合而成的多相材料。复合材料中起增强作用的材料称增强体，起粘接作用的材料称为基体。一般增强体为高强度的纤维材料，主要有玻璃纤维、芳纶纤维、硼纤维、碳纤维等。基体材料则主要是具有一定韧性的树脂，主要有环氧树脂、聚酰亚胺树脂等以及铝合金和钛合金等。

复合材料的密度低，比强度、比刚度很高，抗疲劳性能、减震性能和工艺成型性能都很好。因此，在航空器上得到广泛应用（图 6-46、图 6-47）。

玻璃纤维增强复合材料（俗称"玻璃钢"）是在民用方面使用较为普遍的复合材料，其比强度约为铝合金的 3 倍，但相对刚度较低，约为铝合金的 50%，因此在航空航天领域的应用受到了限制。不

图 6-46 美国波音 -787 客机碳纤维机翼的下壁板

过由于加工成型相对容易且成本抵，玻璃钢往往在一些轻型飞机上广泛使用。

图 6-47 民航客机复合材料机翼进行地面试验

凯芙拉复合材料，是以凯芙拉纤维（一种芳纶纤维）作为增强体，树脂作为基体的复合材料，其比强度约为强度较高的玻璃钢的 1.8 倍，刚度约为玻璃钢的两倍，用它制造的固体火箭发动机壳体能比玻璃钢轻 35% 以上。石墨 - 环氧复合材料，是以石墨纤维作增强体、以环氧树脂作基体的复合材料。它的比强度超过凯芙拉复合

材料，刚度约为凯芙拉复合材料的两倍，用它制造固体火箭发动机壳体比凯芙拉复合材料轻 20%～30%。

不同基体材料的复合材料耐热性能有所不同，采用钛合金基体材料使用温度可达 500～600℃，但采用树脂为基体的复合材料使用温度不能太高。

陶瓷基复合材料是以陶瓷为基体的复合材料。常用的增强材料有碳化硅、氮化硅、氧化铝纤维等。基体与增强材料均有低密度、高强度、高刚度、耐腐蚀、耐高温等特性。陶瓷基复合材料在 800～1650℃ 都有良好的力学性能。

碳－碳复合材料是以碳纤维增强碳基体的复合材料。将碳纤维预制件反复浸渍合成树脂后，经高温碳化制成，或用碳氧化合物化学沉积制成。在 1000～2000℃ 的高温下碳－碳复合材料仍有相当高的强度和韧性，其耐热性远高于其他任何高温合金。此外，它的热膨胀系数低（只有金属的 1/10～1/5），导热性能良好，摩擦特性优异。可用于制造再入大气层的头锥及飞机刹车盘等，其寿命是钢烧结材料刹车盘的 6～7 倍。

由于复合材料有着非常优越的性能，航空器、航天器的结构将越来越多地采用复合材料，21 世纪会是复合材料大显身手的时代。

■ 6.4.2　现代飞机的选材

现代飞机在选材时主要考虑以下几个方面的因素。

（1）高的结构效率

提高结构的效率，可以达到减轻飞机重量、提高飞机的经济性的目的。采用复合材料就是一种提高结构效率的有效途径。例如，波音 -757 的油耗占飞机的使用成本的 50%，该飞机仅采用了 3% 的复合材料，就达到了降低油耗 1.5% 的目的。

（2）长寿命、高可靠性

飞机对于使用寿命和可靠性具有非常严格的要求，且这种要求随着时代的发展越来越高。例如，米格 -15 寿命为 1700 飞行小时，20 年日历寿命；米格 -29 寿命为 3000 飞行小时，30 年日历寿命。民用飞机的使用寿命更长，例如空客 A-330 客机寿命为 60000 飞行小时，40000 起落。因此，选材时必须考虑长寿命、高可靠性的要求。

（3）低成本、易加工

在考虑以上因素情况下，选材料应计及成本与加工工艺，应该尽可能选用低成本和易加工的材料。

■ 6.4.3 材料使用随年代的变化

由于材料制造水平的不断提高，飞机结构呈现出金属材料越用越少、复合材料比例越来越高的发展趋势（图 6-48）。以不同年代波音 -757 的选材为例（图 6-49），随着时间的推移，复合材料所占比例大幅提高。而一些新研制的现代飞机，复合材料的使用比例更高；以波音 -787 飞机为例，机翼、机身、尾翼的大部分结构都采用

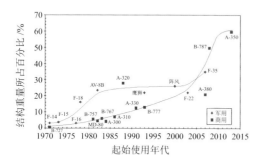

图 6-48 不同年代复合材料在飞机结构中的使用比例

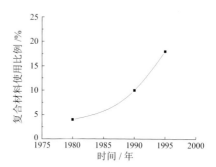

图 6-49 不同年代的美国波音 -757 客机复合材料使用比例的变化

了复合材料，使用比例超过 50%。

■ 6.5 航空器结构的设计制造要求

不同的航空器结构的功能有其共性，也有差别。这使得结构在设计和制造方面也有相同和不同之处。这里以飞机为例介绍航空器的设计制造要求。

飞机是在大气层内飞行的，因此需要有机翼来产生升力，机翼等翼面类结构的设计与制造是飞机区别于其他航空器的重要特点。直升机靠旋转的旋翼产生升力和推力，因此旋翼和尾桨的设计与制造是直升机等旋翼类航空器结构的特色。

在另一方面，即便是同一类航空器由于其飞行性能要求的差别，在结构设计与制造上也存在很大的差别。同一架航空器的各个部件由于功用不同，在结构设计与制造方面也有一定的差异；但它们又都是某一整体的组成部分，也有许多共同的地方。

归纳来讲，航空器的结构在设计与制造上应满足以下几方面的共性的基本要求。

■ 6.5.1 空气动力要求

所谓空气动力要求即航空器满足飞行性能所要求的气动外形和表面质量，这要求主要是针对在大气层内飞行的航空器。对于航天器来说，火箭、导弹、返回式飞船与卫星、航天飞机等有在大气层内工作需要的，也要考虑空气动力方面的要求。

大多数卫星由于不在大气层内工作，且不用考虑返回地球的问题，则不需要考虑空气动力方面的要求。

飞机的气动外形主要是根据飞行性能要求和飞行品质要求决定的。如果飞机结构达不到必要的空气动力要求，将导致飞行阻力增加，升力减小，飞行品质变坏。空气动力方面的要求，对于不同类型的飞机也是差别很大的。如：超声速飞机为了减小波阻力，机翼有很大的后掠角，低速飞机为了获取更大的升力往往采用平直机翼；不同后掠角的机翼在空气动力方面的要求也是有很大差别的，这也使得这两种飞机由于后掠角的不同在结构设计与制造方面存在很大差别。

■ 6.5.2 重量和强度、刚度要求

从前面所介绍的空气动力学的知识可以知道，确定的飞机气动外形和尺寸在一定飞行速度下产生的升力是有限的，这也就决定了飞机的最大起飞重量是有限的。为了给燃油、任务载荷提供更多的重量空间，则要求结构设计得具有尽可能小的重量。因此，"为减轻每一克重量而奋斗"这一口号，一直都是飞机结构设计师的座右铭。

根据前面介绍的关于材料的力学特性的知识，可以知道在一定的结构重量前提下，由于材料力学性能的限制，结构所能承受的最大外载荷是一定的。反过来讲，如果结构的外载荷确定的话，一定的结构重量情况下，则需要结构的强度和刚度满足要求。

强度是指结构承受载荷时抵抗破坏的能力。刚度是指结构在载荷作用下抵抗变形的能力。强度不够会引起结构破坏，刚度不足不仅会因变形过大，破坏气动外形的准确性，还会在一定速度条件下发生危险的颤振现象导致结构破坏。

总的来说，结构设计总是希望在满足一定的强度、刚度的条件下，要求结构重量越轻越好。这除了给结构设计提出了要求，也要求在结构选材时尽可能选用比强度和比刚度大的材料。为了减轻结构重量，复合材料在

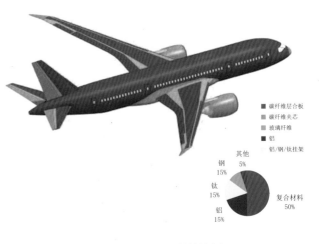

图 6-50 美国波音 -787 的材料分布

航空器上的使用越来越普遍，所占的比例也越来越高。如波音 -787 基本上整个结构

能用复合材料的地方都采用复合材料（图 6-50）。

■ 6.5.3 使用维护要求

航空器的使用寿命一般都很长，一般都有 20 ～ 30 年，有的甚至长达 40 ～ 50 年。因此，在使用过程中就不可避免地要进行维护和保养。这就要求航空器在结构设计方面能够做到：使用方便，便于检查、维护和修理，易于运输、储存和保管，使用过程中要安全可靠。如果航空器的使用维护性能不好，则一方面用户很难接受，另外一方面则使用维护成本也大大提高。

以民航客机为例，由于其使用频繁，经济效益要求高，因此这类飞机的使用维护要求也较高，而且目前已经形成体系，体现在设计要求和规范中。为了便于检查和维护，客机的机翼和机身都有专门的维护口盖（图 6-51）。客机的发动机布置，目前一般是吊挂于机翼的下部（图 6-52），这样发动机离地面近，维修和拆卸发动机都非常方便。而如果将发动机像图 6-53 那样布置在机尾，则离地面非常高，检查和维护都不方便。因此，采用后面这种发动机布置方式的飞机随着时间的推移，逐渐退出历史舞台，或使用得越来越少。当然，这种布局使用得越来越少也有其他多方面的原因。

图 6-51 机翼的维护口盖

图 6-52 布置在机翼下部的发动机更便于检修

图 6-53 俄罗斯图 -154 客机的发动机位于机尾

■ 6.5.4 工艺和经济性要求

飞机作为一种产品，在研制过程中不得不考虑生产的难易程度。在一定的生产条件下，总是要求工艺简单、制造方便、生产周期短，这样才能降低制造的成本。

对于不同飞机的各个部件，所选用的材料和生产工艺也各不相同。铝合金制造方便，加工简单，材料性价比高，在航空领域应用很广，目前大部分民航客机和军用飞机的结构部件仍采用铝合金加工制造（图6-54）。

图 6-54　数控加工的铝合金结构部件

钛合金材料强度高，耐腐蚀，应用于先进军用航空器受力严重的部件（图6-55），但材料加工制造困难，成本高。

图 6-55　战斗机整体成型的钛合金机身框段

复合材料的强度大，比刚度高，便于结构减重，而且复合材料还有结构性能的可设计性；此外，复合材料还拥有优异的疲劳性能和耐腐蚀性。因此目前复合材料在航空器上的应用逐渐广泛。但复合材料对于加工的要求也非常高，工艺的差别会导致性能的大幅度变化。图 6-56、图 6-57 给出了客机复合材料机翼蒙皮和导弹复合材料壳体的制造场景。

图 6-56　复合材料机翼蒙皮的铺设场景　　　　　图 6-57　导弹复合材料壳体的缠绕成型现场

第七章

航空器的系统

　　航空器的系统是各种测量传感器、各类显示仪表和显示器、导航系统、雷达系统、通信系统、自动控制系统、电源电气系统等设备和系统的统称，对于一些比较简单的系统又称机载设备。航空器的系统不一定是飞行所必需的（如早期的飞机），但是却是现代航空器必不可少的。航空器的系统也代表了航空器的先进程度，现代航空器基本不可能在没有上述系统的情况下正常工作。现代航空器有各种各样的系统，包括测量系统、探测系统、显示系统、导航系统、控制系统、任务管理系统、电子系统、武器系统、液压系统、燃油系统、电气系统、防护与救生系统、刹车系统、防除冰系统等。限于篇幅，本章仅介绍测量、探测与显示系统，导航系统，控制系统，防护与救生系统这几个比较有代表性的系统。

7.1 测量、探测与显示系统

航空器在空中飞行时，为了更好地飞行；一方面需要了解飞机当前的飞行参数，这就需要用到测量系统；另一方面，有些航空器还需要探测航路上是否有其他飞行器及前方的气象情况，这就需要用到探测系统；再者，还需要把测量和探测的情况显示出来供飞行员查看，这就需要用到显示系统。

7.1.1 测量系统

飞机在飞行过程中有很多飞行相关的参数需要测量，如飞行的速度、飞行的高度、加速度、姿态角与角速度、迎角、侧滑角等。这些参数都需要使用专门的设备进行测量。如飞行的空速可以通过空速计测量，地速可以通过 GPS 进行测量，飞行高度可以通过无线电高度表或气压高度表进行测量，加速度可以用加速度传感器测量，姿态角与角速度可以通过陀螺仪测量，迎角和侧滑角可以通过迎角传感器测量等。

需要一提的是，与大气状态相关的参数，如静压、动压、温度、密度、高度、高度变化率、空速等信息，如果像采用气压式空速表等单个的传感器和仪表系统各自提供这些信息，不仅增加体积、重量和成本，而且不便维护，同时影响这些信息的测量精度。为了克服这方面的缺陷，现代飞机往往都采用大气数据系统。这种系统可以提供综合的、高精度的大气数据信息。它由大气数据计算机，压力和温度传感器，迎角和侧滑角传感器，输入、输出接口和显示器等几部分组成（图 7-1）。

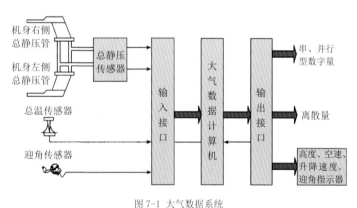

图 7-1 大气数据系统

7.1.2 探测系统

飞机在空中飞行的时候除了希望了解自身的飞行参数之外，军用飞机往往还需要了解敌机、敌方导弹的情况，民航客机往往还需要了解航路上的实时天气状况。这就需要安装探测设备对外界的信息进行探测。雷达就是飞机最为重要的探测设备。

雷达是无线电检测与定位的简称。随着电子技术的发展，雷达技术从早期单一的防空设备迅速扩展到侦察、火力控制、空中交通管理、遥感、天文、地质等军用和民用领域。雷达在飞机上的应用也有很多种，如搜索警戒雷达、火力控制雷达、地形匹配雷达、气象雷达等。雷达通常安装在飞机的头部（图7-2）。

图 7-2 F-15 战斗机的相控阵雷达

雷达的基本原理是：通过无线电设备向空间发射无线电波，无线电波在不同介质表面会向各个方向散射一定的电波能量，其中一部分由目标反射回天线方向，成为目标回波；雷达接收目标回波后即可检测出目标的空间位置。雷达测量距离是通过测量天线至目标间无线电波往返的时间来确定的。

早期的雷达扫描是利用天线的旋转进行的，天线的旋转是依靠机械系统控制的。这种雷达天线扫描速度慢、精度低。现代高速飞机要求雷达缩短反应时间，提高扫描和跟踪速度，这些要求单纯由机械操纵的天线转动是很难完成的。随着电子技术的发展出现了相控阵雷达（图7-2）。

相控阵雷达的天线是平板形的，其上分布有许多个小天线。小天线按一定规则排列，组成天线阵列。通过计算机控制，每个小天线发射的无线电波的相位可以各不相同，所有小天线发射的雷达波束在空间合成一个或多个波束。合成波束的形状可以任意控制，并能够按照一定规律在空间进行扫描。相控阵雷达避免了机械扫描的慢速、滞后和精度低等缺点，并且它所形成的多个波束可以同时搜索和跟踪多个目标。

■ 7.1.3 显示系统

为了让驾驶员及时根据飞机测量系统所测量出的参数了解飞机的状态，以及根据探测系统所探测的信息了解飞机的外界情况，必须把各种飞行信息以定量或定性的形式在显示器上显示出来。显示器所显示的信息必须准确、可靠、清晰、直观、容易判读，并符合人机工效学的要求。

（1）显示系统的分类

航空器的显示系统分为机械仪表式显示系统和电子综合式显示系统两类。

① 机械仪表式显示系统　飞机上的机械式、电气式和电动式机械仪表，均是利用显示部件间的相对运动来显示被测参数值，如指针－刻度盘、指标－刻度带、标记、图形显示、机械式计数器等，统称为机械仪表式显示系统。这类显示系统的优点是结构相对简单，显示清晰；指针－刻度盘和指标－刻度带的显示过程能反映被测参数的变化趋势。它们的缺点是部件间存在的摩擦影响显示精度；寿命短、易受振动、冲击的影响；在低亮度环境中需要照明；不易实现综合显示。

图 7-3 俄罗斯苏 -27 战斗机的机械仪表式显示系统

20 世纪 70 年代以前飞机的仪表大多采用机械式显示系统，多数是单一功能的仪表。所以在座舱仪表板安装着许多仪表。将飞行员所需的主要飞行仪表安排在正前方的仪表板的中间位置，而一些次要仪表则布置在两侧。图 7-3 为歼击机驾驶舱的机械仪表式显示系统。

② 电子综合式显示系统　随着电子技术、计算机技术和显示技术的飞速发展，20 世纪 70 年代后期出现了电子式显示器。它把显示信息转换成电子式显示器的光电信号。显示的信息可以是数字、符号、图形及其组合形式。电子综合显示系统的突出优点是：a. 显示灵活多样，形象逼真，显示形式有字符、图形、表格等，并可以用彩色显示；b. 容易实现综合显示，减少了仪表数量，使仪表板布局简洁，便于观察；c. 由于消除了机械仪表因摩擦、振动等引起的附加误差，显示精度显著提高；d. 采用固态器件，寿命长，可靠性高；e. 随着集成化程度的提高，重量不断减轻，价格不断下降。

电子综合显示系统将飞行所需的基本参数信息，分类综合到几个电子显示屏上（图 7-4）。显示的内容大致按飞行信息、导航信息、发动机信息、雷达信息、武器信息等分类。每个屏幕内容可以任意组合，显示或隐藏，并能互相切换，可将现阶段感兴趣的内容调整到飞行员习惯的位置显示。

主飞行显示器　导航显示器

图 7-4 美国波音 -717 客机的电子综合显示系统

飞行参数信息是飞行员关心的主要飞行信息，一般综合到一个显示器中，称为主飞行显示器。它所显示的内容包括，航向角、俯仰角、滚转角、飞行高度、速度、升降速度、机场自动着陆系统信号、失速警告等信息。

（2）平视显示系统

对于军用歼击机所采用的电子综合显示系统，往往把主要飞行状态参数（如各种姿态角、速度、高度、升降速度等）与武器瞄准系统的信息结合起来，投影到飞行员正前方的成像玻璃上，飞行员在战斗中不必低头看仪表盘，就可以了解飞机的飞行情况。成像玻璃可以在空中格斗时显示武器瞄准跟踪信息，在巡航飞行时又能显示导航信息。这种显示系统称为平视显示系统，简称平显。现代客机也在使用平视显示系统（图7-5）。

平视显示器

图7-5 客机平视显示系统

（3）头盔显示系统

20世纪60年代初，美国为满足武装直升机火力控制的需要，研制了一种新式的电子综合显示系统——头戴式光学瞄准具。这种瞄准具的主要功能除了能显示必要的信息之外，还能用头盔的位置来控制武器。随着技术的发展，现代头盔显示器的功能越来越全：①控制直升机活动炮塔武器进行瞄准射击；②跟踪和截获目标，给导弹攻击指示目标；③目视启动控制装置，例如：飞行员的视线对准一个开关，这个开关便会显亮，加上左手按压专门的触发按钮，便可启动这个开关；④控制电视摄像机、夜视摄像系统等镜头的转动，使其与视线保持同步。

由于具有上述独特功能，头盔显示器与其他显示系统相比有它突出的优点：①它缩短了截获目标的时间，能迅速瞄准目标和发射武器，使直升机减少被地面炮火攻击和降低损失率；②头盔瞄准具有的视野是全方位的，它不受常规光学瞄准具固定安装和窄视场的限制；③由于武器系统与瞄准具联动，当飞行员目视搜索和跟踪目标时，武器和相关传感器可迅速跟随到目标方位，瞄准后武器能迅速发射，大大改善了人机接口关系，减轻了飞行员的负担。

随着电子技术的发展，在头盔瞄准具的基础上，从单一的光学瞄准，发展成今天的全天候、雷达和夜视瞄准的头盔显示/瞄准系统。这种系统正从飞机武器瞄准扩大到防空炮火、单兵导弹、地空导弹等火力控制系统。图7-6为美国的F-35战斗机的头盔显示系统。

（a）白天状态　　　　　　　　　　　　（b）夜间状态

图7-6 美国F-35战斗机的头盔显示系统

（4）显示系统发展趋势

随着电子技术、显示技术的发展，航空器显示系统也向着更高的水平迈进。彩色液晶显示器是正在走向成熟的显示器，它的优点是：重量轻、体积小、功耗低、清晰度高和可靠性好。正像我们见到的计算机液晶显示器那样，液晶显示器能减轻70%的重量，厚度减小80%，耗电量减小一半；液晶显示在阳光下读数比显像管清晰得多；液晶显示器所需元器件少，而且多为大规模集成电路，因此可靠性高，平均无故障间隔时间达2000～5000小时，是电子显像管的10倍。

随着语音技术，触摸屏技术的成熟，显示器发展为大屏幕全景显示器。它将整个仪表板集成为一块大的触摸显示屏，飞行员只需触及屏幕某一位置，就可以相应地改变显示格式，调出更多的数据信息，也可以发出指令使系统执行任务。目前飞行员主要是通过视觉和触觉进行飞行，在听觉方面，除通讯对话外相对比较轻松。今后，显示系统可以通过语言来通报显示信息，飞行员也可以通过语音进行指令控制，以调动飞行员的听觉，减轻视觉负担。

■ 7.2 导航系统

飞行器在空中飞行时，要确定后面如何飞行，就必须首先知道飞行器的当前位置（经度、纬度、高度）和速度的大小及方向，并将其和预定的航线进行对比，制定新的飞行计划。飞行时往往还需要知道从起飞开始，目前已经飞越的路径（即航迹）。这些信息的获得都要通过使用导航系统。

导航，实际上就是通过各种手段获得飞行器的位置信息、速度信息和加速度信息等。导航系统就是提供这些信息的系统。

常见的导航方式包括：无线电导航、惯性导航、卫星导航、天文导航、图像匹配导航、组合导航。

■ 7.2.1 无线电导航

对于无线电导航方式，需要由地面导航台发射一定的无线电波，在飞行器上通过接收设备，测定飞行器相对于导航台的方位、距离等参数，从而可以确定飞行器的导航参数（图 7-7）。

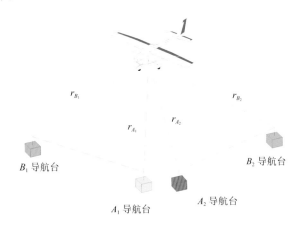

图 7-7 无线电导航的原理图

无线电导航使用的无线电波是通过直接传播或通过大气电离层反射传播的，它们很少受气候条件的限制，并且作用距离远、精度高、设备简单可靠，所以是飞行器导航的主要技术手段之一。尤其是在夜间或复杂气象条件下，为了保证飞行器的安全着陆，无线电导航系统是必不可少的导航工具。但无线电导航也有缺点：易被发现和干扰，而且需要导航台的支持才可以工作。

■ 7.2.2 惯性导航

惯性导航是通过测量飞行器的加速度（线加速度和角加速度），经运算处理得到飞行器当时的速度和位置的一种综合性导航技术。

惯性导航方式的优点是不依赖于外部设备所提供的信息，完全依靠自身的惯性测量设备所测量的加速度；因此，不受飞行器以外的环境条件影响，也无法对它进行干扰。但也有缺点，定位误差会随时间积累而增加；为了提高精度，一方面需要把设备做大从而导致重量增加（图7-8），另一方面需要通过其他导航方式进行校正。

图 7-8 惯性导航设备（体积大、重量重）

■ 7.2.3 卫星导航

卫星导航方式是用专用的导航卫星取代地面导航台通过无线电信号向地面发射导航信息的一种导航方式。这种导航方式与无线电导航方式有一定的相似之处，就是都要通过发射和接收无线电信号进行，并且都要计算飞行器相对于无线电导航台或导航卫星的位置。

这种导航方法是 20 世纪 80 年代发展起来的先进导航技术。它充分利用卫星高度高、信号覆盖面广的特点，完成地面导航台所无法实现的功能。它没有积累误差，天气影响较小，能进行全球、全天候导航。但也有整个导航系统比较复杂，导航信号较弱，易受人为干扰等缺点。

目前，世界上有几种卫星导航系统。性能最好、功能最完备的是美国的卫星全球定位系

图 7-9 美国 GPS 导航卫星分布图

统，简称 GPS（图 7-9）。另外，还有俄罗斯的全球导航卫星网（GLONASS），欧洲空间局计划中的"伽利略"导航卫星系统，以及中国正在发展的"北斗"导航定位卫星系统等。

这种导航方式不仅在航空上得到应用，还在民用中有广泛的应用，如我们用到的车载导航仪就使用 GPS 进行导航。

■ 7.2.4 天文导航

天文导航是通过观测天体并测定天体和飞行器之间的角度来确定飞行器的位置和航向的导航方法。

实际上，天文导航的观念有着悠久的历史。数千年前，我们的祖先遥望着浩渺的宇宙，就思索并实践了利用太阳、月球和其他自然天体指引方向的方法，如海上航行的船只往往借助天体的位置指引方向。

■ 7.2.5 图像匹配导航

利用地球表面的山川、平原、森林、河流、海湾、建筑物等地表特征形状进行导航的方式称为图像匹配导航。

使用这种导航方式时，首先需要知道飞行区域的数字化地形数据（称为原图，如不同位置的高度信息），飞行时通过探测设备再次测量取得实际的数字化地形数据（称为实时图），再将实时图与预先存储的原图进行比较，由此确定飞行器实际飞行的地理位置与标准位置的偏差，从而用于对飞行器进行导航。

利用图像匹配导航可以使飞行器进行地形跟踪，保持一定的真实高度［图 7-10（a）］；也可按照数字地图中相同地形高度进行地形回避飞行，绕过高山，在山谷中穿行［图 7-10（b）］。

（a）地形跟踪   （b）地形回避

图 7-10 地形跟踪飞行和地形回避飞行

■ 7.2.6 组合导航

上述导航各有优缺点，单独使用往往都有一定的局限性。为了提高导航的精度，通常将以上几种导航方式进行组合构成组合导航方式，弥补不同导航技术的不足，发挥各种导航技术的优点，互相取长补短；使得组合后的系统能提高导航精度，增加导航系统工作的可靠性。例如，将惯性导航设备和GPS组合，可以构成体积很小的组合导航设备（图7-11），应用于小型无人机领域。

图 7-11 应用于小型无人机的组合导航设备

图7-12 采用有线制导方式的导弹(尾部有光缆)

图7-13 采用红外制导方式的导弹
（头部有红外探头）

与导航相类似的还有一个概念，称为制导，是导引和控制飞行器按一定规律飞向目标或预定轨道的技术和方法。制导过程中，首先需要通过导航系统测得飞行器与目标或预定轨迹的相对位置关系，然后发出制导信息传递给飞行器控制系统，以控制飞行。因此，导航是制导的基础。常见的制导方式分为有线制导（图7-12）、雷达制导、红外制导（图7-13）、激光制导等。

■ 7.3 控制系统

飞机在空中飞行的时间有时候很长（现代民航客机最远航线要飞十几个小时），飞行过程中的飞行姿态有时候长时间变化较小或不做剧烈变化，这样飞行员长时间去操纵飞机往往容易感到非常疲劳。另一方面，飞机如果在空中遇到气流不稳定的情况（称为阵风或紊流），由于气流变化较快，这时飞行员往往很难操纵飞机。因此，为了减轻飞行员的负担、提高飞机的安全性、操纵性和稳定性，需要发展控制系统。

飞机的飞行操纵可分为人工操纵和自动控制两类。人工操纵是指驾驶员通过操纵装置操纵气动舵面、发动机油门杆或阀门开关等方式控制飞行器的飞行。自动控制是指通过飞行自动控制系统，自动完成对气动舵面和发动机油门杆的操纵，驾驶员只进行监控和在必要的时候切换到人工操纵。

■ 7.3.1 飞机的操纵系统

飞机的操纵系统是将飞行员的操纵动作指令传达给气动舵面或其他操纵机构的系统。飞机操纵系统经历了从机械操纵系统、液压助力操纵系统到电传操纵系统的发展过程。

（1）机械和液压助力操纵系统

机械操纵系统随着飞机的发明就同时出现。它们由连杆、摇臂、支座、钢索、滑轮等零部件组成（图7-14）。机械操纵系统属于飞机的结构部分，往往不将其列入机载设备中。机械操纵系统目前仍旧在一些轻（小）型的飞机和直升机上使用。

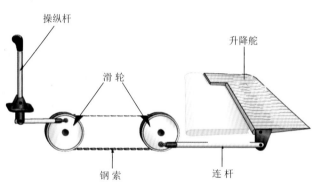

图 7-14 飞机的机械操纵系统

随着飞机飞行速度的提高，气动舵面的载荷越来越大，以至于仅凭借飞行员个人的力量不能完成必要的操纵动作。为了克服这一问题，后来发展了液压助力操纵系统（图7-15）。这样，飞行员只需将操纵杆的位移量传输给液压系统，再由液压系统去驱动气动舵面；驱动气

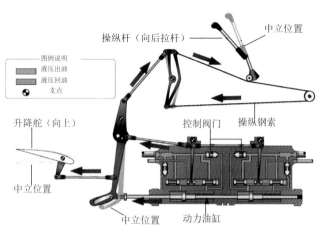

图 7-15 飞机的液压助力操纵系统

动舵面较大的操纵力由液压系统来承担，而飞行员只需要很小的力就可以移动操纵杆和脚蹬。

（2）电传操纵系统

机械操纵系统存在间隙、摩擦和变形等缺点，液压助力操纵系统则重量和尺寸都较大。为了改善飞机的操纵品质和减轻操纵系统的重量和减小尺寸，又发展了电传操纵系统。

电传操纵系统将飞行员的操纵动作通过操纵杆转变为电指令信号，由电缆传输到信号处理系统处理后，再控制执行机构和助力器（如液压舵机、电动舵机）输出力和位移，操纵气动舵面来驾驶飞机。这样电传操纵系统中用电缆代替机械操纵系统的传动机构和液压助力操纵系统的液压管路，来传递操纵杆的操纵动作；由于使用电缆传递操纵信号，因而得名电传操纵系统。

电传操纵系统主要是由电子器件构成，因此属于机载设备范畴。电传操纵系统主要包括驾驶杆、杆力传感器（或杆位移传感器）、信号放大器、信号综合处理和余度管理计算机、飞行参数传感器（如高度、速度传感器等）、执行机构与助力器等部件（图7-16）。

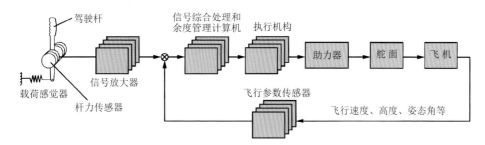

图 7-16 电传操纵系统组成

电传操纵系统由于操纵指令要通过许多元器件，相对机械操纵系统而言，故障概率要高一些。为了提高可靠性，目前主要采用余度技术。余度技术就是指在同一架航空器上并列着三套（或四套）相同（或相似）的电传操纵装置，通过计算机软件把它们组合在一起，形成几个操纵通道。几套装置同时工作，互相监测，发现故障自动隔离有故障的通道，其余通道继续正常工作，仍能保持原有的操纵性能，从而提高了系统的可靠性。

■ 7.3.2 飞机的自动控制系统

电传操纵系统的出现，使得发展自动控制系统（又称自动驾驶系统，对于比较简单的自动驾驶系统又称自动驾驶仪）成为可能。自动驾驶仪一方面可以代替驾驶员操纵飞机，另外一方面还可以对飞机进行增稳、提高飞行的性能和避免危险飞行等。自动驾驶系统是现代飞行器的主要机载设备，军用歼击机、轰炸机、无人机；民用旅客机、运输机，航天飞机、宇宙飞船等飞行器均采用各种自动驾驶系统，代替飞行员完成一定的飞行任务，而无人驾驶飞机完全是由自动驾驶系统根据预先给定的程序进行飞行的。自动驾驶系统能够帮助飞行员完成预定的航线飞行；完成复杂气象条件下的自动起飞、着陆；还可以在其他导航系统的协助下，完成如地形跟踪等难度较大的特殊飞行任务。

为了对自动驾驶仪的工作原理进行介绍，下面先以飞机的等速直线飞行为例，说明飞行员操纵飞机俯仰运动的过程。图 7-17 所示，飞行员通过眼睛观察地平仪或座舱外景物来判断飞机俯仰姿态的变化。如果飞机偏离水平状态，飞行员通过手操纵驾驶杆，由传动系统将驾驶杆的运动传递到升降舵，升降舵的偏转引起飞机俯仰力矩变化，使飞机回到水平状态上来。在这个操纵过程中，飞行员根据姿态角的变化情况不断改变驾驶杆的操纵量，调整升降舵，使飞机保持水平飞行状态。

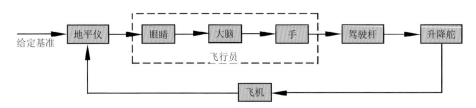

图 7-17 飞行员驾驶飞机的过程

当采用自动驾驶仪代替飞行员时，自动驾驶仪模仿飞行员的驾驶过程，用测量姿态角的敏感元件代替飞行员的眼睛，判断飞机偏离给定姿态角的情况，然后传输给综合放大装置（代替飞行员的大脑）进行运算处理，并结合飞机此时的其他飞行参数（如速度、高度等）给出合理的操纵指令，再将操纵指令传达给执行装置（用以代替飞行员的手和脚）直接操纵舵面，使飞机回到给定的飞行姿态。

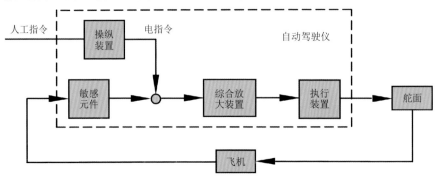

图 7-18 自动驾驶仪操纵飞机的过程

自动驾驶仪包括敏感元件、综合放大装置、执行装置三个部分。另外，自动驾驶系统往往还包括人工操纵指令输入装置，在自动驾驶仪工作过程中，驾驶员可以输入飞行参数（如速度、高度、航向等），以便自动驾驶仪按照给定的参数操纵飞机飞行。飞行员也可以随时中断自动驾驶仪的操纵，接管操纵系统进行人工操纵飞行（图7-18）。

自动驾驶仪不仅可以在长时间的巡航飞行中使用，还可以在起飞和着陆过程中使用。现代的无人机往往从起飞到任务飞行再到着陆都可以进行自动驾驶。舰载无人机还可以利用自动驾驶仪进行自主着舰并挂上拦阻索。着陆是飞机航行中一个非常重要的阶段。着陆时飞行员必须在很短的时间内完成许多要求很高的操作，特别是在机场区域能见度不良的情况下，如云层低、雾、雨及夜间等目视识别困难或完全不能识别时，采用自动驾驶仪进行自主着陆或辅助驾驶员着陆，可以大大提高飞机的着陆安全性。

■ 7.4 防护与救生系统

航空器在飞行中所面临的环境（如高空）往往不同于地面环境，为了保障飞行员和乘客能够正常生活和工作，必须采用防护系统。此外，为了防止飞机发生意外事故时造成人员的伤害，也必须配备救生系统。防护与救生系统也称为环境控制与生命保障系统。

■ 7.4.1 防护系统

航空器的防护系统包括座舱环境系统和个体防护系统。

（1）座舱环境系统

在航空器飞行的环境中，很大部分不适合人类生存，地球大气随高度增加而变得越来越稀薄，空勤人员要经受气压下降，氧气减少，温度降低等恶劣环境。因此现代航空器上都配有较好的座舱环境系统和气密座舱。座舱环境系统包括氧气供应系统、温度控制系统、气压控制系统等设备（见图7-19和图7-20）。

高空气压下降氧气含量也在减小，一般人在3000米高度时就有缺氧症状出现，在10000米高空只要暴露1分钟便会丧失意识。采用座舱增压系统可保证座舱环境的气压维持在一定的水平，同时通过供氧系统增加氧气浓度，以便在周围大气压下降时，使吸入空气中保持必需的氧气含量。也可通过氧气面罩直接向飞行员提供适当压力和氧浓度的呼吸气体。

图 7-19 战斗机的座舱

图 7-20 民航客机的驾驶舱

（2）个体防护系统

除了座舱环境系统之外，还要有飞行员的个体防护系统。以保证在一些不能使用座舱环境系统的情况下（如飞行员紧急跳伞等），或座舱环境系统的功能不足时，依旧能够保护飞行员。飞行员的个体防护系统包括飞行服、氧气面罩、头盔等设备。

飞行员有了个体防护系统后，当座舱环境温度调节能力不足时，飞行员可穿着调温服来获得较舒适的温度环境。比如，人在海上地区应急跳伞落水后体热散失很快，浸泡在 5～10℃的海水中，仅有 50% 的人可存活 1 小时。空勤人员的保暖和防水的飞行服可保证人员在 4℃水中浸泡 1.5～2 小时。

战斗机在作大机动飞行时对飞行员所产生的从头到脚的惯性力可达飞行员自身重量的 8 倍，在这样的飞行情况下，人体的血液向脚部流动，造成脑部失血，而容易引发失明和意识丧失。

普通飞行服

抗荷服

图 7-21 普通飞行服和抗荷服

为了保证飞行员在大机动飞行情况还能正常工作，现代高性能的战斗机采用抗荷服、代偿加压呼吸系统和后倾座椅等综合措施来保证飞行员正常工作。抗荷服在飞行员腹部以下有可以加压的抗荷裤（图 7-21），阻止血液向下身流动。代偿加压呼吸系统可以增加肺部压力。后倾座椅可使过载在人体从头到脚方向上的分量减小。

■ 7.4.2 救生系统

航空器在飞行过程中有可能会出现故障，军用飞机在作战时会被武器击中，甚至无法继续飞行，因此必须有一套保证飞行员在起飞、飞行和着陆过程中出现紧急情况时能迅速离开飞机，安全降落到地面或水面的设备。

目前普遍采用的离机救生装置是弹射救生系统。弹射救生系统由抛座舱盖装置、座椅解锁装置、座椅弹射装置、自动开伞装置、程序控制器和瞬时供电系统等系统组成。

在高速飞行时飞行员从舱口上部离开飞机，首先要抛掉座舱盖，然后启动弹射火箭把座椅连同飞行员一起弹射出去，这样才可避免与飞机其他部件（如尾翼）相撞。座椅弹出后打开减速伞减速，然后解开飞行员与座椅的连接（安全带、脚扣等），人椅分离，打开降落伞，飞行员靠降落伞返回地面（图7-22）。此外，也有直接让人椅系统穿过座舱盖的穿盖弹射方式。

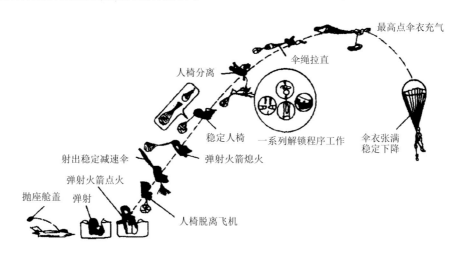

图 7-22 飞机弹射座椅的弹射过程

为避免被超声速气流吹伤，飞行员必须佩戴头盔，有些飞机采用分离式座舱，在紧急情况下分离装置使整个座舱与飞机其他部分脱离，并用减速伞减速，待座舱减速到一定程度后，飞行员再弹射出座舱。

现代战斗机的弹射救生系统要求做到在飞机所有的飞行范围内均可以弹射救生，并且要具备零高度、零速度弹射后安全降落的性能。

民航客机也有相应的救生装置，包括氧气面罩、救生衣、救生滑梯（图

7-23）。但救生衣和救生滑梯必须是在客机落回地面（或水面）之后才能发挥作用。

救生滑梯

图 7-23 民航客机的救生滑梯

第八章

航空器的综合性能

　　不同航空器的飞行性能往往是有很大差别的，但是它们有一些性能却是为人们所共知的，如：航空器的安全性、经济性、舒适性和环保性。本章以飞机为例在介绍航空器的这些综合性能的基础上，也对影响飞行安全的气象条件，以及为保证安全性而开展的地面和飞行试验进行介绍。

8.1 航空器的四性

飞机作为一种人们乘坐的空中工具，无论是用于军事用途还是民间用途，都希望其首先能够保证安全，即安全性好；其次作为一个产品希望客户能够买得起、用得起，即经济性好；再次希望乘坐的感受好，即舒适性好；最后还希望对于环境的污染要小，即环保性好。安全性、经济性、舒适性和环保性已经成为现代航空器设计的四个最为主要的特性要求，有时简称为航空器的"四性"。民航客机对此"四性"非常强调；军用飞机对此"四性"也要考虑，并在研制管理中逐步向民用飞机的适航取证程序学习，以提高军用飞机的质量和使用水平，但军用飞机的重点还是强调作战性能。

8.1.1 安全性

安全性是航空器首先需要保证的特性，没有安全性，一切都无从谈起。没有一个人愿意乘坐一架不安全的飞机，也没有人愿意一架不安全的飞机从自己家上空飞过。为了强调安全的重要性，并保证航空器的安全，国际上有专门的条例做出相关规定，并强制执行。以民航客机为例，适航管理部门制定了强制性的适航条例，只有经过适航条例审查并通过的飞机才能投入市场运行。适航条例只是安全性的最低标准。

适航管理部门把民航客机的安全等级分为四级，如表8-1所示。表中的发生概率，实际上也是飞机可靠性的表征，发生的概率越小，可靠性越好。

表 8-1 民航客机的安全等级

安全等级	事故性质	发生频率	后果
IV类	轻微故障	$(10^2 \sim 10^3)$/h	使用受到限制；需要改变飞行计划和启动应急程序；对乘客造成不便，但无伤害
III类	重大故障	$(10^5 \sim 10^7)$/h	飞行安全裕度明显降低，对机组人员造成困难，乘客轻度受伤害
II类	危险性故障	$(10^7 \sim 10^9)$/h	安全裕度较大降低；机组人员不可能完全或准确完成任务；造成人员严重伤害，少数乘员死亡
I类	灾难性故障	$<10^9$/h	多人死亡，通常飞机完全损坏

为了保证飞机能够满足安全性要求，适航条例还就结构完整性、系统完整性、使用完整性和抗坠毁性有明确要求。其中，前三个内容是为了避免事故，为此在研

制过程中要经过结构试验、系统试验和飞行试验验证；而抗坠毁性提供事故发生后生存的可能，为此需要进行仿真模拟验证。民航客机只有完成了这些验证后方可取得适航证书，再投入到商业飞行中。

为了保证高安全性飞行，飞机设计中需要采用先进的总体／气动设计技术、先进的结构完整性设计和验证技术、高可靠性发动机技术和飞机健康监控技术，并将适航审定的技术要求贯穿于客机研制的全过程。

出于抗坠毁性设计的考虑，民航客机需要采取：合理布置应急出口，避免在坠撞中可能断裂的区域安排乘客就座，避免在发生事故时其他部件（如螺旋桨，风扇叶片、发动机短舱、起落架）可能突入机身的区域安排乘客就座等措施。

■ 8.1.2 经济性

航空器尤其是民用航空器对于购置和使用成本是非常关注的，使用方总是希望能用有限的经费买到更多更好的航空器，同时希望后期使用费用低，也就是说要求航空器具有好的经济性。航空器在使用过程中的成本是包括多方面的，有燃油的消耗、人员的成本、维修保养的成本、设备的折旧等。

为了提高航空器的经济性，一要降低航空器的油耗，二要降低航空器的价格，三要降低航空器的维护费用。在降低油耗方面，可以通过采用低阻力的气动力设计、低油耗的发动机及减轻结构和机载设备的重量等手段实现。在降低航空器价格方面，主要手段是尽可能多地采用成熟的技术、选用商用货架产品，改善结构的工艺性，尽可能地提高零部件和子系统的通用性。在降低维护费方面，主要靠提高结构和设备的寿命与可靠性，改善结构与系统的维修性。

■ 8.1.3 舒适性

航空器作为人们乘坐的一种空中工具，无论是军用还是民用都对舒适性有一定的要求。但一般来说，民用航空器对于舒适性的要求比军用航空器的要高。舒适性的感受主要体现在乘坐人员的情感、健康和占据空间等方面（图8-1）。无论是驾驶员、乘员，都希望座舱或客舱尽可能的美观、宽敞，座椅尽可能的舒适，活动空间尽可能大，舱内的环境（如温度、湿

图 8-1 欧洲研制的空中客车 A-380 客机舒适的豪华客舱

度、压力、压力变化率、空气流动等）与地面环境差别尽可能小，飞机的振动、颠簸尽可能轻微，噪声尽可能低等。

　　飞机升空后，随着飞行高度逐渐增加，周围的空气越来越稀薄，气压下降，温度也下降。在海拔4000米以上高空，人就有较严重的缺氧表现。到了海拔6000米的空中时，机外温度下降到零下24℃，空气密度仅为地面的53%，此时人能维持有效知觉的时间仅仅15分钟。早期的飞机，驾驶员可以靠穿上厚厚的皮飞行服来抵御寒冷，但却没有办法防御低气压。1945年以前，运输机的飞行高度都被限制在海拔6000米以下，通常只在海拔600～4000米的区间飞行。后来，在飞机上添置了制氧设备或氧气瓶等，这些也只能在应急或特殊情况下使用，不能根本解决问题。直到1947年，涡轮压气机被装进飞机，它可以使客舱维持相当于正常大气压的80%的气压。从此客机的飞行高度才突破海拔6000米的禁区达到10000米以上。这种增压后的气压相当于在海拔2400米高度的大气压力。这种客舱叫增压座舱。

　　增压客舱是一个密封的结构。外界的空气经过增压后输送到客舱内。为了保证客舱内空气是新鲜的，现代客机大约每三分钟左右就更新一次舱内空气。在喷气式飞机上，喷气发动机的压气机可以提供给座舱内所需要的增压空气。对于活塞式飞机，如果需要飞到6000米以上，就必须加装一台涡轮增压器给空气增压。

　　客舱内的温度通常也都调到使人感到舒适的程度，为此客机装有空调系统。在喷气客机中，从压气机输送过来的空气由于它是处于压缩状态，温度很高。这就需要再从外边引入一些冷空气在空调系统内与之混合，达到使用标准后再送入客舱。客舱根据功能不同分为许多不同的区域，每个区域内都有温度表、压力表、湿度表反映该区域的温度、压力、湿度的变化，这些数据也被反映到驾驶员面前的仪表板上。驾驶员据此可以对这些条件进行调整。在每个座位的上方，还有可调节的送风口，旅客可以按照自己的需要小范围地调节自己周边的温度。飞机就以上述方法在客舱内形成一个小气候，尽管飞机外空气稀薄，温度在零下数十度，机内却空气新鲜、温暖如春。

　　此外，现代客机的客舱壁板内还加上了隔声材料，保证舱内的噪声在一定的水平，以提高客舱的舒适性。通常保持客舱隔声在70分贝以下。

　　尽管现代飞机采用了增压舱为乘客提供舒适的环境，但坐过飞机的读者应该有体会，总感觉到发动机的声音忽大忽小，这种感觉在爬升和下降的时候最为明显，甚至感觉到耳朵内鼓膜疼痛不适，这其实就是因为客舱内的气压在变化，且在高空飞行时舱内气压低于海平面气压而导致的。实际上为了减轻结构重量，在高空飞行时客舱内压力并不能达到海平面的压力，而只能达到海拔2400米左右的气压水平。

有读者可能会问：为什么不把座舱内的气压调整到和海平面的气压一样呢？这是因为座舱内部的压力如果越高，飞机升到高空以后，机内机外的压力差也就越大，飞机结构所承受的压力也越大，结构就必须设计得越重。目前客舱内设定的这个压力对于一般人来说没有什么不舒服的感觉，可是飞机结构受力却大为减轻，因此在制造飞机时就可以减轻飞机的结构重量。乘客在飞行中由于气压变化而引起的耳朵不舒服是比较轻微的，持续时间也短。乘客可以使用反复张嘴闭嘴的动作或者嚼点口香糖使耳鼓膜内外的气压平衡，以减轻这种症状。

总体来看，提高航空器的舒适性会增加重量和成本，但是舒适性却又是需要十分注重的飞机品质之一。因此，在进行飞机设计时，应根据目标客户的定位，考虑航空器的舒适性和经济性，以提高市场竞争力。

■ 8.1.4 环保性

随着经济和技术的发展，航空器的数量与日俱增，而且航空器也愈来愈大，这导致航空器的噪声、污染物排放对人们生活的侵扰和对环境的污染愈来愈严重，致使各国政府、环保组织和民航部门都备加关注，并制定相应法规强力进行限制。如美国要求飞机起飞噪声低于93分贝。

航空器的噪声对环境的影响主要表现在起降过程中对机场和起降地及其附近区域的噪声污染。因此，为了严格控制噪声的污染，往往在机场附近设置测量点监测噪声强度。

航空器的噪声主要是由发动机内外压力变化和机体对气流的扰动而产生的，螺旋桨和旋翼旋转时也会产生较大的噪声。为了减小发动机的噪声，设计时要尽可能采用低噪声发动机，精心设计进气道型面，对机体表面的凸起物进行光滑处理等。随着发动机技术的发展，噪声水平几十年来有了很大的下降，图 8-2 示出了近些年来相对于 20 世纪 60 年代的低涵道比涡扇发动机的噪声水平的下降量。

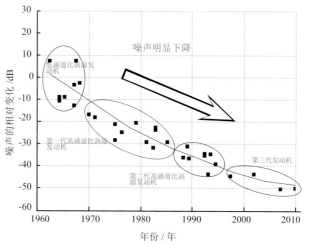

图 8-2 发动机噪声水平逐年下降

飞机的污染物排放主要是来自发动机尾气，在大推力状态下燃油充分燃烧，污染物排放小一些，而在地面阶段（如民航客机的排队待飞阶段）发动机处于小油门怠速状态，燃烧不充分，污染物排放量大。就民航客机而言，全世界民航运输业每年要产生几百万吨污染物。为此，国际民航组织建议采用低污染排放技术发展先进民航发动机。

8.2 飞行安全

空难消息有时会成为人们关注的焦点，且空难发生后很多情况是机毁人亡。这往往使得在一些人眼里，坐飞机旅行并不一定安全。但实际上从各种交通方式造成事故死亡人数的统计，不难看出，航空仍是各种交通方式中最安全的。随着技术的不断发展和规章制度的不断完善，事故率呈下降趋势，飞行安全纪录不断提高。

8.2.1 空难概率微乎其微

有资料表明，坐飞机比坐汽车要安全 22 倍。美国在 60 年里，飞机失事所造成的死亡人数比在有代表性的 3 个月里汽车事故所造成的死亡人数还要少。

按每百万次飞行发生的有人员死亡的空难事故的次数计算，1991 年是 1.7 次，1999 年下降到 1 次以下，2000 年再次下降到 0.85 次，2011 年为 2.16 次。2011 年空难的死亡人数为 486 人。换句话说，如果按照 2011 年的概率计算，假如有人每天坐一次飞机，要 1268 年才可能遇上一次空难。但空难一旦发生，其结果却是非常悲惨的（图 8-3）。

图 8-3 悲惨的空难

■ 8.2.2 造成空难的三大原因

一次飞行可以划分为起飞、爬升、巡航、下降、着陆等阶段。以 1.5 飞行小时的航段来说，每个阶段在整个飞行过程中所占的时间比例不同，发生事故的概率也不相同。总的来说，起飞和着陆只占总飞行时间的 6%，但事故概率却是最高的，所以起飞和着陆阶段有"黑色 10 分钟"之说。飞行事故最容易发生在飞机着陆前后，约占总数的 57%；其次出现在飞行航线上，占总数的 33%；出现在飞机起飞时的较少，只占总数的 10%。

除了军事破坏、恐怖劫机等原因外，常见的空难原因还有：人为因素、环境因素、飞机质量因素。

飞机失事分析的有关资料表明，"人为因素"是空难的首要因素，这其中机组原因占 62%，操作程序占 15%，维修因素占 3.5%。

环境因素是占第二位的"飞行杀手"。其中，最主要的是恶劣的气候，诸如大雾、冰雹、雷暴雨、低云等，其他还包括机场的净空条件（周围的地形，是否有山、高楼的阻挡）、鸟类飞行（图 8-4、图 8-5）等。

图 8-4 飞机在起飞降落过程中遭遇鸟群

图 8-5 飞机撞鸟之后的悲惨结果

环境因素中的气象条件对于飞行安全也有重大影响。1997 年 12 月 28 日，美国联合航空公司一架波音 -747 从日本飞往夏威夷，当时在太平洋上空 9500 米高度上飞行，突然遇到一股巨大的高速逆风，气象上称"晴空湍流"，使飞机大幅度起伏颠簸，毫无思想准备的旅客有不少没有系好安全带，这使得虽然当时湍流仅历时 12 秒，但却导致 80 人受伤，飞机不得不中断正常飞行紧急返回日本抢救和安抚旅客。因此，在飞行中全程系好安全带是非常有必要的。

飞机结构和机械故障也是造成空难的重要因素，尤其在早些年，人们对结构和机械认识还不够时。典型的例子是英国的"彗星"号飞机，该飞机是世界上最早的全金属旅客机。1954 年初，英国航空公司的"彗星"号客机满载旅客从罗马起飞，在几千米的高空正常飞行时，突然发生飞机结构断裂，飞行员连呼救信号都来不及发就坠落了。事隔不到 100 天，又一架"彗星"号客机在飞行中同样出现结构断裂。"彗星"号陨落，震动了世界，时任英国首相丘吉尔下令，要不惜一切代价，搞清飞机机体解体原因。为此，英国海军出动舰队，打捞起残骸，运回英国进行详细研究。专家们对每一块碎片都进行认真的检查，甚至还不惜工本，将整架客机放入水槽进行模拟试验。最终查明失事原因是，由于制造飞机机体结构的金属产生疲劳（飞机在交替变换的力的作用下出现的一种结构破坏现象），在金属机体表面产生细小的裂纹，在承受的外力不断变化时，裂纹逐步扩展，最终导致飞机解体。

而由于"彗星"号客机（图 8-6）是最早期的全金属飞机，金属疲劳对航空安全的威胁在当时尚未引起人们的注意。"彗星"号空难之后，航空界开始重视金属的疲劳问题，并形成了一门专门的学科，结构的疲劳设计也成为飞机设计的必要环节。

图 8-6 英国研制的"彗星"号客机

■ 8.2.3 神奇的黑匣子

飞机出现事故之后，事故调查小组为了揭开飞机失事之谜，首先要找到的就是"黑

图 8-7 "黑匣子"

匣子"。因为"黑匣子"（图 8-7）是一种飞行数据记录仪和机舱话音记录器。通过分析"黑匣子"所记录的信息，可以搞清楚在失事瞬间和失事前一段时间的飞行情况、机械设备工作情况、机上人员情况和外界发生了什么问题等。"黑匣子"早在 20 世纪 50 年代就已经发明了。随着技术的发展，性能有了很大的提高。

"黑匣子"的飞行数据记录仪可以记录安装在飞机各部位的传感器所收集到的各种信息，包括飞机的基本信息（航班、时间、经纬度、风向等）、飞行参数（迎角、侧滑角、速度、航向、高度、加速度等）、动力装置参数（每台发动机转速、温度、压力等）、飞机各系统及设备参数（机舱压力、燃油流量，无线电发射、自动飞行控制系统的工作情况等）、各操纵机构和操纵面的位置（油门杆、刹车、起落架等）等 200 多种数据，并可记录 20 多个小时的参数。因此，解读记录仪上的参数，就能直接得到和推断出飞机的姿态、航迹、作用在飞机上的基本力（升力、阻力、推力、操纵力）等。

"黑匣子"的机舱话音记录器能自动记录机组人员和地面的通话、机组人员之间的对话和驾驶舱内的各种声音，包括发动机的声音。在整个飞行过程中记录器始终在记录。

此外，"黑匣子"还带有一个紧急定位发射机，在飞机失事后，能自动发射特定频率的间歇信号，以帮助调查人员通过接收机跟踪确定它的位置（特别是坠入水中时）。发射机可以连续工作 30 天。例如，1974 年一架波音 -707 掉在水深 3000 多米的海底，就是靠这种定位信号找到的。

■ 8.2.4 英雄飞行员

尽管有时候似乎空难在所难免，如在起飞不久或即将着陆就被鸟撞了而导致发动机熄火，或遇到强烈的低空风切变。但有时候还是能够凭借机组人员丰富的飞行经验和沉着的表现，挽狂澜于既倒，拯救全体旅客的生命。这些优秀的飞行员就是大家都敬佩和崇拜的英雄飞行员。

2009 年 1 月 15 日，全美航空公司一架 A-320 客机从纽约机场起飞后 90 秒，不幸遭遇鸟群导致两台发动机熄火，此时飞机飞行高度仅有 1000 米。发动机熄火后，机长萨伦伯格三世（图 8-8）临危不惧，成功地驾驶客机避开纽约人口密集的街区，将飞机迫降在机场不远的哈德逊河上，机上 155 人全员获救（图 8-9）。全体人员获救后，机长在机舱内来回走了两遍，确认没有落下一个人后，才最后一个离开机舱等待救援。这一事件在世界上引起了巨大的影响，时任纽约州州长称这起无人遇难的"空难"事件为"哈德逊河奇迹"。

图 8-8　英雄飞行员萨伦伯格三世　　　图 8-9　成功水上迫降后的飞机机上旅客出舱等待救援

　　实际上在无动力的情况下操纵客机在河面降落绝非易事，角度稍有偏差便会令机翼折断、机身扎入河底。萨伦伯格三世的出色驾驶不但保住了大家的生命，而且为后续调查保留了证据。

　　萨伦伯格三世时年 57 岁，20 世纪 70 年代曾作为战斗机飞行员服役于美国空军，1980 年成为全美航空公司飞行员，具有非常丰富的飞行经验，曾多次以调查员身份参与空难调查。他在业余的时候还经常驾驶滑翔机。

　　总的来说，严重飞行事故很少是由单一因素引起的，绝大多数情况是不安全因素与飞行中出现的问题相结合，有时再加上一些偶然的巧合。比如说，飞机有小故障，加上那天天气不好，机长情绪不好，头脑不清醒，地面机场条件较差，这些事故如果单独存在尚不是致命的，但如果同时出现就可能酿成悲剧。

　　当今，由于技术的不断发展，雷达覆盖面不断扩大；装备有高技术设备的飞机，在附近空域有飞机时、距地面太近时、飞机高度或飞行角度不稳定时或遇到风的突然变化时，会自动向飞行员发出警告。这些都使得飞行的安全性提高了一大步。此外，航空界也正通过更好的飞行员培训、更好的飞机检验和维护技术以及新的安全技术等途径继续提高航空安全性。

■ 8.3　飞行与气象

　　读者应该有不少乘坐飞机的经历，坐飞机的过程中，时常会遇到航班延误或在空中飞行很颠簸的情况。这些情况往往是由于天气原因引起的。从另一个方面来说，民航客机是最为安全的交通工具，其出现事故的概率比其他交通工具都低。但是确实有不少飞机飞行发生了事故，导致飞行事故的罪魁祸首往往就是天气。因此，就不得不谈谈飞行与气象的关系。

　　调查研究发现：由于气象原因导致的飞行事故占飞行总事故的 30% 左右；其中，

在气象原因导致的飞行事故中，恶劣能见度所造成的飞行事故最多，达40%；雷雨、冰雹和雷雨云造成的事故占到25%。由于天气原因导致航班延误一般占总延误次数的70%。

归纳来说，影响飞行的气象要素主要包括以下几点。

（1）能见度

能见度常常是影响飞行安全和飞行正常的关键之一。低能见度和低云也是民航延误的主要原因之一。影响能见度的气象要素主要是雾、降水以及沙尘暴。为了消除或减轻雾对于飞行的影响，目前世界上有的机场人工消雾已成为业务工作。

迄今为止，世界上最大的一次空难就是发生在雾天之中。1977年3月27日西班牙属地特纳里夫岛上的圣克鲁斯机场上一架荷兰航空公司的客机在机场有雾的情况下起飞，与一架向起飞线滑行的美国泛美航空公司的客机在十字路口相撞，造成死亡560人、伤70人的大惨案。

（2）云和雷暴

云对飞行有许多不利影响，主要是使空中能见度变坏，在有些云中飞行易产生结冰和颠簸。尤其是不能在雷雨云（图8-10，又称积雨云）内甚至附近飞行，此种云很厚，云内及附近上升/下降气流和乱流强烈，会产生强烈颠簸，同时雷电极强，如击中飞机（图8-11）易破坏飞机的设备和结构。雷暴是目前被航空界、气象界所公认的严重威胁飞行安全的大敌。

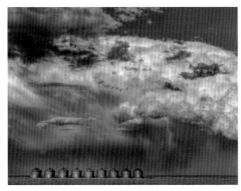

图 8-10 雷雨云　　　　　　　　　图 8-11 被雷电击中的飞机

雷暴是由对流旺盛的积雨云引起的，伴有电闪雷鸣的局地风暴。它是积雨云强烈发展的标志。雷暴云中的强烈上升气流和下降气流可使飞机被动地改变高度。随着强雷暴云来临而在垂直方向、水平方向产生的强烈阵风使飞机偏离跑道，严重影响航空器的起飞着陆和停放安全。雷暴伴随的暴雨也影响能见度。

（3）低空风切变

所谓风切变是指短距离内风向、风速发生突然变化，具有变化时间短、范围小、强度大、发生突然等特点。风切变可以出现在垂直方向或水平方向，分别称为垂直风切变和水平风切变；可出现在高空或低空，出现在 600 米以下的叫低空风切变。由于低空风切变具有变化时间短、范围小、强度大等特点，再加上目前探测难、预报难、航管难等一系列困难；因此，它在飞机起飞、着陆阶段中对飞行安全构成极大威胁。产生强烈下降气流（又称下击暴流）的低空风切变，对于正在起飞或降落的飞机是非常大的危害，一旦进入这种强下降气流，飞行员常猝不及防，往往还来不及拉起机头，飞机就一头栽倒在地面上了（图 8-12）。图 8-13 所示飞机在降落时遭遇低空风切变，翼尖擦地，机身猛烈摇摆，机头一度转向，幸亏飞行员沉着操纵、果断复飞，避免了一起空难。

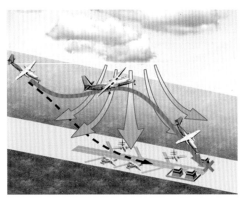

图 8-12 飞机在着陆过程中遭遇风切变

图 8-13 降落时遭遇低空风切变的飞机坠落在地面

据调查，从 1964 年到 1982 年间由于低空风切变共造成 72 起飞行事故，其中有 29 架喷气客机失事。例如 1975 年 6 月 24 日 15 时，美国肯尼迪机场一架班机着陆时遇到强烈的下降气流，导致飞机摔裂、112 人死亡。当然，如果提高警惕能及时发现风切变的迹象也可化险为夷。例如，1973 年 6 月 13 日，山西临汾机场地面指挥发现，在五六百米低空，上下云块向两个相反方向很快移动；据此机场指挥判断这里有强的风向切变，并及时通知了来降飞机，从而避免了事故发生。

（4）结冰

结冰（又称积冰）主要是由于过冷水滴或降水中的过冷雨滴冻结形成的。大气中的过冷水滴是很不稳定的，只要受到轻微的振动就会立刻冻结。积冰主要发生在有过冷水滴的云中，强的积冰多发生在云中温度 0～-15℃区域内，因此要避免和减轻积冰，应着重了解飞行区域内的云、降水和温度分布，特别是 0～-15℃等温线的位置。

飞机一旦发生积冰，飞机重量增加，飞机的流线型被破坏从而使得飞行性能变坏，使正面阻力加大，升力减小，甚至出现左右机翼升力不对称，操纵困难。如果积冰出现在垂直尾翼则影响航向；空速管严重积冰会使飞行员无法确知飞机空速；积在喷气发动机进口边缘的冰，如掉进发动机甚至可导致发动机突然熄火（图8-14）。

1982年1月13日美国一架波音-737客机在华盛顿国际机场起飞，就因机翼和机身积冰造成操纵失灵，机尾撞在桥上，机身断成两截，坠入华盛顿的波托马克河。

所以，积冰在过去有飞机"寿衣"（严重积冰时飞机像穿了衣服）之称。不过，现代飞机都有防止结冰的措施和设备，只要事先启动防冰装置（主要有加热、机械和化学三种防冰装置），一般可以使飞机免于积冰。即使无防冰装置，积冰后只要向上或向下飞离积冰区域也可化险为夷。冬天在易结冰的天气情况下，在起飞之前还需要检查飞机是否出现结冰，如果出现结冰则需要先对飞机进行除冰（图8-15）。

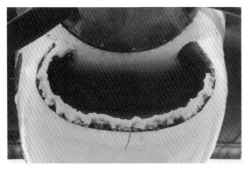

图8-14 发动机进气道出现结冰

图8-15 起飞前对飞机进行除冰

（5）台风

台风是热带风暴的一种，发源于接近赤道的海洋上。飞机在台风中飞行，可遇到严重的颠簸、大雨和恶劣的能见度、猛烈的风暴和在着陆时近地面有阵风等危险天气。随着气象预报水平的提高，一般都可以通过气象卫星所提供的云图对台风进行准确预报（图8-16），因此，飞行前都要先了解一下气象信息。

（6）气温

图8-16 气象卫星拍摄到的台风

航空器的飞行性能与大气的物理状态（密度、温度和压强等）有密切关系，而大气物理状态是随其所在地理位置、季节和高度而变化的。为了准确描述航空器的飞行性能，就必须建立一个统一的标准，即标准大气。目前我国采用的是国际标准大气。

标准大气情况下，大气温度、密度和气压随高度的变化如图 8-17 所示。由于大气密度随着高度的增加而减小，因此在不同海拔的机场起降，同样的飞机载重量往往不一样，相同的机场条件下，在高海拔机场起降飞机载重量小，在低海拔机场起降飞机载重量大。

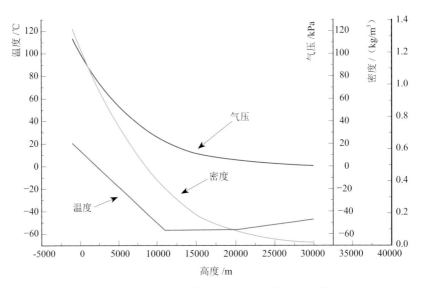

图 8-17 标准大气情况下大气温度、密度和气压随高度变化的曲线

此外，气温也是随季节和时间而变化的，这种变化会导致空气密度的变化，气温升高空气密度变小，气温降低空气密度变大。由于空气密度的变化，会影响飞行的动压，进而影响飞机的起飞和着陆距离。气温升高，起飞和降落时要求的滑跑距离增长；气温降低，滑跑距离缩短。研究表明，在海平面情况下，当气温比标准大气温度（15℃）高（低）10℃时，滑跑距离分别增加（减少）10％～11％。换句话来说，在跑道长度一定的情况下，气温高则起飞重量小，气温低则起飞重量大。因此，同样的飞机，在同样的机场，夏天飞行时的起飞重量小于冬天飞行时的起飞重量；夏天由于气温高，如果又受到跑道长度的限制，常常不能满载飞行。

（7）气压

飞机的飞行总是离不开需要随时知道气压大小，因为飞机往往使用气压高度表（根据气压的大小确定飞行的高度）来测定飞机所处高度。特别在起飞降落期间要用机场的场面气压来调整高度表。故气象人员如将气压测错或报错，就会直接危及飞行安全。但气压高度表的测量误差相对来说较大，且受到空气温度的影响，因此测量高度通常还将气压高度表和其他测量手段（如无线电高度表等）组合使用。

（8）风

飞机在起飞、着陆过程中，一般采用顶风（逆风）的方式以缩短滑跑距离。为此，跑道在修建时，其方向的确定就要根据当地的常年风向。一方面，侧风会使飞机在起降时偏离跑道，空中飞行则会偏离航线，因此飞行中领航人员要做风的计算和修正。

另一方面，风也是可以加以利用的。在高空飞行中，如果采用顺风飞行的方式，可以大大节省燃料和缩短飞行时间，因此在经批准后也可选择风的最佳高度飞行（空中不同的高度，风速和风向有差异）。逆风飞行正好相反。例如，北京往返乌鲁木齐的航线，高空通常是西风，这样从北京飞往乌鲁木齐需要飞行 3 小时 45 分，但回程因为顺风，却只需 3 小时 15 分。飞机因此可少装油料，而多载旅客、货物，获得更好的经济效益。

（9）其他

2010 年 4 月，冰岛火山喷发，火山灰形成黑褐色云团，扩散到数公里外的高空中。这些云团令整个欧洲的航班陷入混乱，葡萄牙、西班牙、意大利、德国、奥地利等国先后关闭部分机场，数万架次航班受到影响（图 8-18）。

图 8-18 冰岛火山灰影响航班飞行

小小火山灰为何会闯下如此大祸？原来，火山喷发时，岩浆遇冷空气，形成微粒，成为尘埃云的一部分，升入空中。飞机经过尘埃云时，部分微粒进入喷气发动机，影响发动机的工作。火山灰还会给飞机表面涂层和挡风玻璃造成损害，严重危及飞行安全。

但总的来说，虽然有上述气象情况影响飞行，但随着气象探测水平的提高，通过各国气象部门和航空公司紧密完善的合作，飞行会越来越安全。机场现场指挥部门根据大风、雷雨、低能见度、降雪等警报决策是否关闭机场；航空公司根据其目的地机场未来可能出现的天气变化情况决策是否起飞，起飞要加多少油料；飞行员在起飞前，也由航空气象预报人员给予航路危险天气讲解，并提供航路预告图，根据这些预告图，用来选择最佳飞行高度，同时避开航路上雷雨、晴空乱流、结冰等危险天气。

■ 8.4 航空器的试验

航空器在正式投入使用之前，都要进行各种各样的试验，有的试验可以在地面完成，有的试验需要在飞行中完成。航空器试验是航空航天事业发展中不可缺少的关键环节之一。随着航空科学技术的飞跃发展，航空器试验的地位越来越重要。航空器试验的门类众多、科目庞杂。这里主要以飞机为对象进行相关试验的介绍。

航空器试验是指航空器在其研究、研制、生产、部署和使用与保障期间进行的各种试验、仿真、测试和相应的分析活动。它既是工程技术活动的重要内容，可以发现设计缺陷，帮助研制人员及时进行改正，并确定系统性能水平；同时也是决策过程的一个重要环节，为权衡分析、降低风险和细化要求提供信息，为航空器研制过程中的转阶段决策和设计定型提供依据。

航空器试验有多种不同的分类方法：按照试验地点可以分为地面试验和飞行试验；按照航空器研制的时间顺序，可分为研制试验、使用试验；按照专业分，主要包括空气动力学试验，结构强度试验，环境试验，寿命及可靠性试验，维修性与保障性试验等；按照分系统分，主要包括航空电子系统试验、飞行控制系统试验、机电系统试验、航空武器系统试验，以及航空发动机试验等。这些不同的分类方法之间存在一定的交叉。这里按照地面试验和飞行试验的分类对航空器的试验进行介绍。

■ 8.4.1 地面试验

（1）空气动力学试验

空气动力学试验是研究空气与物体相对运动时，空气的流动规律及其与物体的相互作用所进行的试验。其目的是设计和评价航空器的布局和性能。空气动力学试验可分为实物试验和模型试验。对于航空器来说，实物试验可称为空气动力飞行试验，模型试验称为风洞试验（图 8-19）。在地面主要进行航空器的模型试验，即风洞试验，这里所使用的模型尺寸通常比实物小，称为缩比模型。

图 8-19 未来先进客机缩比模型风洞试验　　　　图 8-20 美国波音 -787 客机全机静力试验

（2）结构强度试验

结构强度试验是在实际或模拟的载荷和环境下，在地面对飞机和部件进行的机械强度试验，目的是验证飞机和部件的承载能力、变形状态、可靠性和寿命等关键性指标。结构强度试验主要包括结构静力试验、振动试验、疲劳试验、热强度试验，以及耐久性、损伤容限试验和地面模拟热颤振试验等。

结构静力试验又称静强度试验（图 8-20），是对飞机结构按试验要求施加静载荷并测定其承载能力和变形状态的地面试验，是鉴定飞机结构强度、刚度，保证飞机飞行安全的主要手段，分为静强度试验和刚度试验。

关于其他各项结构强度试验，这里不做详细介绍，感兴趣的读者可以参考有关专业书籍。

（3）航空发动机试验

航空发动机试验是为验证发动机及其部件的性能、适用性和耐久性而进行的试验（图 8-21～图 8-23）。一般将整台发动机的试验称为试车。在航空发动机试验中，按不同的技术指标可分为性能试验、适用性试验、耐久性试验和环境试验。

性能试验是在地面和飞行状态下，测量发动机的推力和耗油率等性能指标，空气流量、压力、温度和各部件的性能。适用性试验测定发动机工作特性对油门进气流场条件变化的响应，重点是进气道—发动机—喷管的匹配。耐久性试验包括循环疲劳寿命、应力断裂或蠕变寿命、抗外来物破坏和包容能力等机械结构强度验证。

图 8-21 客机发动机的地面试验

图 8-22 战斗机发动机的地面试验　　　　图 8-23 客机发动机的地面试验（模拟空中吸入冰）

环境试验是检验发动机及其附件在不同环境条件下的工作适应性以及环境对发动机影响的试验，它包括：恶劣大气条件试验（如高低温、潮湿、霉菌、电磁、核辐射等方面的试验），吞咽试验（如吞烟、鸟、冰、水、沙、尘、机械硬件等物体的试验），噪声试验，排气试验，特征信号（红外信号和雷达截面积）试验。环境试验可以在地面设备、模拟高空试验设备或专门的户外试验设备上进行。

（4）飞行控制系统试验

飞行控制系统试验是对飞机飞行控制系统的性能、可靠性进行的试验，包括地面试验和飞行试验。飞行控制地面试验一般在"铁鸟"台上进行（图8-24）。"铁鸟"台的飞行控制系统和操纵系统与飞机上的一致，但试验台的结构比真实飞机要刚硬得多，用于支撑操纵系统和舵面的结构甚至和真实飞机的外形都不一样。

图8-24 用于飞行控制地面试验的"铁鸟"台

（5）飞机机电系统试验

飞机机电系统试验主要包括电气系统、液压系统、燃油系统、起落架收放系统（图8-25）、机轮刹车系统（图8-26）、防冰系统、生命保障系统、救生系统（图8-27）、环境控制系统等各类飞行系统的试验。

图8-25 美国波音-787客机起落架收放系统试验

图8-26 机轮刹车系统试验（左侧为未刹车状态、右侧为刹车状态）

图8-27 救生系统——弹射座椅试验

图8-28 对客机机头进行改装用于F-22战斗机的航空电子系统试验（美国）

（6）航空电子系统试验

航空电子系统试验是保证飞机完成预定任务，达到规定的各项性能所需开展的各种电子设备的试验（图8-28）。

（7）航空武器系统试验

航空武器系统试验是指为鉴定武器系统的战术性能指标和可靠性所做的试验。主要包括：机载武器地面静态试验、机载武器地面发射试验、火控系统地面试验。

（8）环境试验

环境试验是指将航空器暴露于自然或人为的环境中，确定这些环境对产品影响规律的方法和操作程序的统称。环境试验的目的在于航空器在恶劣的自然环境条件下性能的变化和可靠性。航空产品的环境试验一般包括低温试验、温度循环试验（外界温度从低到高再到低反复变化）、温度冲击试验（外界温度突然变化）、低气压

图8-29　美国F-4战斗机进行结冰试验

试验、日晒试验、淋雨试验、沙尘试验、腐蚀试验、雷电模拟试验、结冰试验（图8-29）、电磁兼容性试验（检查通信、控制等电子系统是否相互干扰）等。

（9）寿命及可靠性、维修性与保障性试验

寿命试验是为了证实受试的产品在一定的工作、使用、储存等条件下的寿命而进行的试验。

可靠性、维修性与保障性试验是指为了了解、分析、提高和评估航空器的可靠性、维修性和保障性而进行的试验和评估的总称。

■ 8.4.2 飞行试验

飞行试验是指飞机、发动机、机载设备及机上各系统在真实的飞行条件下进行的各种试验，简称试飞（图8-30～图8-34）。通过试飞可以获得实际试验数据和知识，探索未知的飞行现象，验证航空新技术、方案和原理，鉴定航空产品是否满足规定的战术技术要求或适航标准。飞行试验按其性质可分为研究性飞行试验和型号飞行试验。

研究性飞行试验是探索未知领域、研究新技术、检验新的理论和为研制新飞机提供数据的飞行试验。研究性飞行试验一般不以某一具体型号为研究对象，而侧重于基础理论和应用技术的探索、验证；有时也针对某新一代型号要求进行特定的专门技术的研究。研究性飞行试验通常用专门研制的研究机或用现役飞机改装的专用

飞机进行。历史上有不少重大航空技术都是由专用的试验机或研究机的研究性飞行试验突破的。世界上一些航空技术发达国家还专门设置有研究性试飞机构，如美国NASA戴顿飞行研究中心、英国皇家航空研究院的飞行试验部等。

型号飞行试验是以型号产品（飞机、发动机、机载设备和机上各系统）为试验研究对象，侧重于其性能和可靠性的试验与鉴定。型号飞行试验按其任务、时机不同，又可分为：首飞、调整试飞、鉴定试飞、使用试飞、出厂试飞、验收试飞。

图 8-30 美国波音 -787 客机首飞的盛大场面

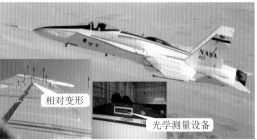

图 8-31 美国 F-18 战斗机利用光学设备测量飞行中的机翼变形

图 8-32 美国"太阳神"号无人机的飞行试验

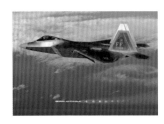

图 8-33 美国 F-22 战斗机进行飞行试验

图 8-34 利用成熟飞机搭载新型发动机（置于头部）进行飞行试验

　　新研制型号的原型机首次升空的飞行称为首飞。调整试飞又称发展试飞，是首飞后、鉴定试飞前，为调整飞机、发动机及机上各系统、机载设备，使其符合鉴定试飞飞机移交状态而进行的飞行试验。调整试飞的基本目的是暴露设计和制造的缺陷，排除故障，使新机达到设计的基本要求或达到预定的性能，为型号鉴定试飞做准备。关于型号飞行试验的其他项目，这里不作详细介绍，感兴趣的读者可以参阅相关资料。

第九章

世界著名飞机与直升机

　　自莱特兄弟发明飞机的100多年以来，人类发明了各种各样的飞机和直升机，有的专门用于军事用途，有的专门服务于民用领域，有的则是军、民两用。本章主要介绍世界著名的飞机和直升机，以及我国的军用飞机和直升机。

■ 9.1 世界名机

由于飞机 / 直升机的型号众多，这里仅列出近几十年来一些非常著名的飞机 / 直升机供读者参考，它们是航空工业发展的结晶，凝聚着成千上万航空工程师的智慧和辛劳。

■ 9.1.1 军用飞机

9.1.1.1 歼击机、强击机

歼击机和强击机都是用于进行作战的飞机。现在在役的这两种飞机在设计上有很多相似之处，通常机翼的展弦比较小，往往采用后掠翼或三角翼。

按照美国的划分，喷气式战斗机从开始出现到现在共经历了四代，目前现役的喷气式战斗机主要为第三代和第四代战斗机。这里仅简单介绍一下这两代战斗机。俄罗斯则将喷气式战斗机的发展分成五代，其第四代相当于美国的第三代，其第五代则相对于美国的第四代。

第三代战斗机从 20 世纪 70 年代中开始研制，至今仍在服役，其最显著的特点是：要求飞机推重比（发动机推力和飞机重量的比）大于 1.0，特别是发动机的推重比（发动机推力和发动机重量的比）要达到 8.0 以上。当然，超声速飞行也是第三代战斗机必须的。第三代战斗机代表机种有：俄罗斯的苏 -27、米格 -29，美国的 F-15、F/A-18、F-16、F-14，中国的歼 -10，法国的"幻影"-2000、"阵风"，欧洲的"台风"，瑞典的"鹰狮"。

第四代战斗机的主要特点是：采用推重比 10.0 以上的涡扇发动机、相控阵火控雷达、隐身技术和推力矢量技术等，以"发射后不管"空空导弹为主要武器，具有突出的隐身性能、超声速巡航能力、超常规机动性和敏捷性以及短距起降能力。典型的代表有：美国的 F-22、F-35 及俄罗斯的苏 -57 和中国的歼 -20 等。

以下对其中比较典型的飞机进行简单介绍，见表 9-1 和表 9-2。

（1）第三代战斗机

表 9-1 第三代战斗机

飞 机	研制单位	技术特征	其 他
苏 -27"侧卫"（图 2-60）	俄罗斯苏霍伊设计局	最为著名的第三代重型双发战斗机，俄罗斯的主力战斗机，俄罗斯"勇士"飞行表演队的坐骑。最大起飞重量 33 吨，翼展 14.70 米，机长 21.49 米	1982 年 11 月出厂，1985 年交付部队。是苏 -30、苏 -33 等的基础机。在多个国家装备

续表

飞 机	研制单位	技术特征	其 他
米格-29"支点"（图9-1）	俄罗斯米格设计局	最为著名的第三代轻型双发战斗机，俄罗斯的主力战斗机，俄罗斯"雨燕"飞行表演队的坐骑。最大起飞重量18吨，翼展11.36米，机长17.32米	1977年10月首飞。在多个国家装备
F-15"鹰"（图9-2）	美国麦道公司（后并入波音公司）	最为著名的第三代双发重型战斗机，美国空军现役主力战斗机。最大起飞重量30.8吨，翼展13.03米，机长19.45米	1972年7月原型机首飞，1974年11月交付使用，除装备美军外，还出口多个国家
F/A-18"大黄蜂"（图9-3）	美国麦道公司美国诺斯罗普公司（后与格鲁门公司合并为诺斯罗普格鲁门公司）	最为著名的美国海军现役主力双发舰载机。最大起飞重量29.9吨，翼展13.68米，机长18.5米。美国海军"蓝色天使"飞行表演队用机型	1978年11月首飞，1980年5月交付。除装备美军外，还出口多个国家
F-16"战隼"（图9-4）	美国通用动力公司（后通用公司飞机制造事业部并入洛克希德·马丁公司）	最为著名的单发轻型战斗机，美国空军现役主力战机。最大起飞重量19.2吨，翼展9.34米，机长15.02米。美国空军"雷鸟"飞行表演队用机型	1974年2月首飞，1978年交付使用，是美国当代销售最好的战斗机，世界上第一种采用电传操纵系统的机型
"幻影"-2000（图9-5）	法国达索飞机制造公司	单发战斗机，法国等多个国家空军的现役主力战机。最大起飞重量17.0吨，翼展9.13米，机长14.4米	1978年首飞，除装备法国空军外，还出口埃及、希腊等国家和地区
"阵风"（图9-6）	法国达索飞机制造公司	双发战斗机，法国空军和海军的现役主力机型。最大起飞重量24.0吨，翼展10.8米，机长15.27米	1986年7月首飞
"台风"（图9-7）	欧洲战斗机公司（英国、德国、意大利、西班牙四国合作）	双发战斗机，主要装备英国、德国、意大利和西班牙空军。最大起飞重量23.5吨，翼展10.95米，机长15.96米	"台风"的前身为EF2000，原型机于1994年3月首飞
JAS-39"鹰狮"（图9-8）	瑞典萨博公司	单发战斗机，主要装备瑞典、捷克、匈牙利。最大起飞重量14.0吨，翼展8.4米，机长14.1米	1988年12月首飞

图 9-1 俄罗斯研制的米格-29 "支点" 战斗机

图 9-2 美国研制的 F-15 "鹰" 战斗机

图 9-3 美国研制的 F/A-18 战斗机

图 9-4 美国研制的 F-16 "战隼" 战斗机

图 9-5 法国研制的 "幻影"-2000 战斗机

图 9-6 法国研制的 "阵风" 战斗机

图 9-7 欧洲研制的 "台风" 战斗机

图 9-8 瑞典研制的 JAS-39 "鹰狮" 战斗机

（2）第四代战斗机

表 9-2 第四代战斗机

飞 机	研制单位	技术特征	其 他
F-22 "猛禽"（图 5-31）	美国洛克希德·马丁公司	目前最先进的现役双发战斗机，美国空军现役主力机型。最大起飞重量 38.0 吨，翼展 13.56 米，机长 18.92 米	1997 年 9 月首飞，1999 年 7 月首次进行超声速巡航，2001 年 11 月开始交付
F-35 JSF（图 5-32）	美国洛克希德·马丁公司	目前最先进的现役单发战斗机。最大起飞重量 27.2 吨，翼展 10.65 米，机长 15.37 米。包括常规起降型用于空军，舰载型用于海军航空兵，短距起飞 / 垂直起落型用于海军陆战队、海岸警备队	2006 年 12 月首飞，美国和多个国家共同对 F-35 的研制进行了投资，这些国家都计划装备该机
苏 -57（图 9-9）	俄罗斯苏霍伊设计局	双发战斗机，最大起飞重量约 36 吨，翼展约 14 米，机长约 22 米	2010 年 1 月首飞，目前已装备

图 9-9 俄罗斯研制的苏 -57 战斗机

9.1.1.2 运输机、轰炸机、加油机、预警机

运输机、轰炸机、加油机和预警机在飞行特点和气动外形方面往往具有一定的相似性，这里把它们放在一起进行介绍，见表 9-3 ～表 9-6。

（1）运输机

表 9-3 运输机

飞 机	研制单位	技术特征	其 他
C-17 "环球霸王"（图 1-64）	美国麦道公司（后并入波音公司）	四发喷气式大型运输机。美国空军主力运输机，最大起飞重量 265.5 吨，翼展 51.81 米，机长 53.04 米	1991 年 9 月首飞，除装备美军外，还在多个国家装备

续表

飞 机	研制单位	技术特征	其 他
C-5 "银河"（图 9-10）	美国洛克希德·马丁公司	四发喷气式大型运输机。美国空军现役最大的运输机。最大起飞重量 381.0 吨，翼展 67.89 米，机长 75.3 米	1968 年 6 月原型机首飞
C-130 "大力士"（图 9-11）	美国洛克希德·马丁公司	四发涡轮螺旋桨式中型运输机，美国最成功、最长寿和生产最多的现役运输机。最大起飞重量 70.3 吨，翼展 40.4 米，机长 29.8 米	1954 年 8 月首飞，除装备美军外，还在其他多个国家装备
伊尔 -76 "耿直"（图 5-25）	俄罗斯伊留申设计局	四发喷气式大型运输机，俄罗斯现役主力运输机。最大起飞重量 200.0 吨，翼展 50.5 米，机长 49.6 米	1971 年 3 月首飞，除装备俄军外，还出口多个国家，我国也购买了此运输机
安 -124 "秃鹰"（图 9-12）	乌克兰安东诺夫设计局	四发喷气式重型运输机，是世界上最大的现役运输机。最大起飞重量 405.0 吨，翼展 73.3 米，机长 69.0 米	1986 年 12 月首飞
安 -225 "哥萨克"（图 1-2）	乌克兰安东诺夫设计局	六发喷气式重型运输机，是世界上载重量最大的飞机。最大起飞重量 600.0 吨，翼展 88.4 米，机长 84.0 米	1988 年 12 月首飞，1989 年完成背负 "暴风雪" 号航天飞机的飞行，至今只生产 1 架
A-400M（图 9-13）	空中客车公司	四发涡轮螺旋桨中型运输机，最大起飞重量 141.0 吨，翼展 42.4 米，机长 43.8 米	2009 年 12 月首飞

图 9-10 美国研制的 C-5 "银河" 军用运输机

图 9-11 美国研制的 C-130 "大力士" 军用运输机

图 9-12 乌克兰研制的安 -124 "秃鹰" 军用运输机

图 9-13 欧洲研制的 A-400M 大型运输机

（2）轰炸机

表 9-4 轰炸机

飞　机	研制单位	技术特征	其　他
图 -22M "逆火"（图 9-14）	俄罗斯图波列夫设计局	双发变后掠翼超声速战术轰炸机。最大起飞重量 83.9 吨，翼展 23.3 米（后掠角 65°）、34.28 米（后掠角 20°），机长 40.5 米	1969 年 8 月首飞
图 -160 "海盗旗"（图 9-15）	俄罗斯图波列夫设计局	四发变后掠翼超声速战略轰炸机。最大起飞重量 275.0 吨，翼展 35.6 米（后掠角 65°）、55.7 米（后掠角 20°），机长 54.1 米	1981 年 12 月首飞，1987 年 5 月开始进入部队服役
图 -95 "熊"（图 9-16）	俄罗斯图波列夫设计局	目前全世界唯一仍在服役的四发涡轮螺旋桨战略轰炸机。最大起飞重量 188.0 吨，翼展 51.1 米，机长 49.5 米	1952 年 1 月首飞
B-2 "幽灵"（图 2-32）	美国诺斯洛普·格鲁门公司	四发喷气式隐形战略轰炸机，美国现役主力轰炸机。最大起飞重量 170.5 吨，翼展 52.4 米，机长 21.0 米	1989 年 7 月首飞
B-52 "同温层堡垒"（图 2-66）	美国波音公司	八发喷气式战略轰炸机。最大起飞重量 220.0 吨，翼展 56.4 米，机长 48.5 米	1952 年 4 月首飞，目前仍在服役。计划 2050 年退役

续表

飞 机	研制单位	技术特征	其 他
B-1 "枪骑兵"（图9-17）	美国洛克维尔国际公司（后并入波音公司）	四发变后掠翼超声速战略轰炸机。最大起飞重量216.4吨，翼展41.67米（全展开）、23.84米（全后掠），机长44.81米	原型机于1974年12月首飞，改进型B-1B于1984年10月首飞

图9-14 俄罗斯研制的图-22M轰炸机

图9-15 俄罗斯研制的C-130军用运输机

图9-16 俄罗斯研制的图-95轰炸机

图9-17 美国研制的B-1轰炸机

（3）加油机

表9-5 加油机

飞 机	研制单位	技术特征	其 他
伊尔-78（图9-18）	俄罗斯伊留申设计局	大型空中加油机，俄罗斯现役主力加油机型。最大起飞重量190.0吨，可输油量65吨，翼展50.5米，机长46.6米	在伊尔-76MD军用运输机的基础上改装而成，1987开始正式服役
KC-10（图1-62）	美国麦道公司（后并入波音公司）	美国现役主力空中加油机，是当今世界上功能最全、加油能力最强的空中加油机。最大起飞重量267.6吨，可输油量89.0吨，翼展50.4米，机长55.4米	在DC-10喷气式客机基础上改进发展而来，1981年3月交付使用

续表

飞　机	研制单位	技术特征	其　他
KC-135 （图9-19）	美国波音公司	大型空中加油机，美国现役主力空中加油机。最大起飞重量146.3吨，可输油量52.0吨，翼展39.9米，机长41.5米	在C-135四发喷气式军用运输机基础上改进发展而来，1957年交付使用

图9-18 俄罗斯研制的伊尔-78空中加油机（上）　　图9-19 美国研制的KC-135空中加油机（右）

（4）预警机

表9-6 预警机

飞　机	研制单位	技术特征	其　他
A-50"支柱" （图9-20）	俄罗斯伊留申设计局	在伊尔-76运输机的基础上改装发展而来。最大起飞重量170.0吨，翼展50.5米，机长46.7米	20世纪70年代开始研制，80年代开始生产，1984年进入部队服役
E-2C"鹰眼" （图9-21）	美国诺斯洛普·格鲁门公司	美国海军唯一的空中预警机，并为多国空海军采用。最大起飞重量23.8吨，翼展24.5米，机长17.6米	1971年1月初次试飞，1973年12月开始服役
E-3"望楼" （图9-22）	美国波音公司	全天候远程空中预警机，在波音-707客机基础上发展而来。最大起飞重量151.6吨，翼展44.4米，机长46.6米	1975年首飞，主要用户除美军外，还有沙特、英国、法国等

图 9-20 俄罗斯研制的 A-50 预警机

图 9-21 美国研制的 E-2C 预警机

图 9-22 美国研制的 E-3 预警机

9.1.1.3 侦察机

侦察机见表 9-7。

表 9-7 侦察机

飞　机	研制单位	技术特征	其　他
U-2 （图 3-50）	美国洛克希德·马丁公司	单发喷气式高空侦察机，飞行高度 21000 米，最大起飞重量 18.6 吨，翼展 30.9 米，机长 19.1 米	1955 年 8 月首飞，曾多次到苏联、古巴及中国大陆上空侦察，也被击落多架
SR-71"黑鸟" （图 1-58）	美国洛克希德·马丁公司	三倍声速双发高空战略侦察机。飞行高度 25900 米，最大起飞重量 78.0 吨，翼展 16.9 米，机长 32.7 米	1964 年 12 月首飞，1998 年退役。第一架采取隐形技术设计的飞机
RQ-4"全球鹰" （图 1-59）	美国诺斯洛普·格鲁门公司	高空无人侦察机，服役于美国空军。最大起飞重量 11.6 吨，翼展 35.4 米，机长 13.5 米，飞行高度 20000 米	1998 年 2 月首飞。机翼采用全复合材料结构。据称续航时间 36 小时以上

续表

飞 机	研制单位	技术特征	其 他
MQ-1"捕食者"（图9-23）	美国通用原子技术公司	中空长航时无人侦察机，主要服役于美国空军。最大起飞重量1.02吨，翼展14.8米，机长8.22米，最大飞行高度7600米	1994年1月首飞。采用涡轮增压活塞式发动机，全复合材料机翼。据称续航时间40小时以上

图9-23 美国研制的"捕食者"无人侦察机

◼ 9.1.2 民用飞机

9.1.2.1 旅客机、货机

民用旅客机和货机从气动外形来看和军用运输机是比较相似的，实际上早期的旅客机不少还是从军用运输机发展而来的。目前民用旅客机研制都集中在几个大的公司身上。如：干线客机研制公司主要有美国的波音公司和欧洲的空中客车（简称：空客）公司，两家公司的客机目前基本上平分了世界民航市场；俄罗斯也有图波列夫设计局设计的旅客机，但主要在俄罗斯运营，国际市场的销路远不如波音和空客；我国目前也在着手研制大型客机 C-919（图9-24），但离正式投入市场运营还有一段时日。支线客机主要由加拿大的庞巴迪公司、巴西航空工业公司研制，并形成了系列；我国也开展了 ARJ 支线客机的研制，目前还在适航取证阶段。支线客机一般设计座位为 35 ～ 100 座，飞行距离在 600 ～ 1200 千米；其余则为干线客机。

波音公司研制的客机目前在航线上运行的有：波音 -717、波音 -737、波音 -747、波音 -757、波音 -767、波音 -777、波音 -787（图9-25）。空客公司研制的客机目前在航线上运行的有：A-300、A-320、A-330、A-340、A-380，其中 A-380 是目前在航线上运行的最大客机，最多可以载 800 名旅客；此外，空中客车还在 A-300 的基础上研制了"大白鲸"货机。这里 A-340、A-380 和波音 -747 为四发布局，其余均为双发布局。

图 9-24 我国正在研制的 C-919 客机

图 9-25 美国研制的波音 -787 客机

9.1.2.2 通用航空类飞机

通用航空类飞机的种类很多，除去军用飞机与民航客机之外的飞机都可以划分为通用航空类飞机。研制通用航空类飞机的公司很多，其中最为知名的要算成立于 1927 年的美国赛斯纳飞机公司（赛斯纳是公司的创始人）。该公司研制了一系列轻型飞机（图 1-73）。

■9.1.3 直升机

直升机除了武装直升机专门用于军事用途外，大多数其他直升机往往是既有军事用途又有民间用途。见表 9-8。

表 9-8 直升机

飞 机	研制单位	技术特征	其 他
AH-64"阿帕奇"（图 1-74）	美国休斯直升机公司（后并入麦道飞机公司）	全天候双座攻击直升机，美国陆军主力武装直升机。最大起飞重量 10.4 吨，旋翼直径 14.6 米	1975 年首飞。世界上最为著名的武装直升机之一，服役于十余个国家和地区
UH-60 "黑鹰"（图 4-4）	美国西科斯基公司	双涡轮轴发动机、单旋翼、中型通用 / 攻击直升机，服役于美国陆军。最大起飞重量 11.1 吨，旋翼直径 16.36 米	1974 年 10 月首飞。目前在包括美国在内的 20 多个国家服役

续表

飞　机	研制单位	技术特征	其　他
CH-47"支奴干"（图4-7）	美国波音公司	多功能、双涡轮轴发动机、双旋翼中型运输直升机。最大起飞重量24.5吨，旋翼直径18.8米	1961年9月首飞。外销16个国家，最大用户是美军和英国空军
卡-50"黑鲨"（图4-5）	俄罗斯卡莫夫设计局	共轴双旋翼单座攻击直升机，俄罗斯主力武装直升机，最大起飞重量10.8吨，旋翼直径14.5米	1982年7月首飞。唯一单人操作的攻击直升机，第一架有弹射座椅的直升机
米-28"浩劫"（图9-26）	俄罗斯米里设计局	纵列双座攻击直升机，俄罗斯主力武装直升机之一。最大起飞重量11.4吨，旋翼直径17.2米	1982年11月首飞
米-171（图4-11）	俄罗斯米里设计局	中型运输直升机，米-8和米-17直升机的现代化改进型，后发展成武装运输直升机。最大起飞重量13.1吨，旋翼直径21.3米	1988年开始研制，1991年开始生产。除俄罗斯外，在欧洲、亚洲、非洲、南美多个国家服役，我国也有使用
米-26"光环"（图4-17）	俄罗斯米里设计局	多用途重型直升机，是当今世界现役最重、最大的直升机。最大起飞重量56.0吨，旋翼直径32.0米	1977年12月原型机首飞，目前军用、民用机型在十余个国家服役
"虎"（图9-27）	欧洲直升机公司（德法联合）	武装直升机。最大起飞重量约6.0吨，旋翼直径13.0米	1991年4月首飞。目前装备在德、法、西班牙、澳大利亚等国
"海豚"（图4-26）	法国宇航公司	轻中型军、民两用直升机。最大起飞重量4.3吨，旋翼直径11.9米	1975年1月首飞。出口几十个国家

图9-26 俄罗斯研制的米-28"浩劫"武装直升机

图9-27 欧洲研制的"虎"武装直升机

9.2 祖国上空的军机

我国航空工业自新中国成立以来，走了一条从仿制到自行研制的发展道路，早期的绝大多数飞机都是在仿制苏联飞机的基础上研制成功的。随着我国综合国力的增强，开始不断出现自主研制的飞机。

新中国成立以来，我国发展了一系列飞机和直升机（主要是军用飞机和军用直升机），为我国的国防建设做出了突出的贡献。为了便于读者了解和记忆我国的军用飞机和军用直升机，这里也列出了编号规则。

我国使用一套类似于美国的飞机型号命名方法：代表飞机基本任务的首字母，后跟序列号。如：J 代表歼击机，Q 代表强击机，H 代表轰炸机，JH 代表歼击轰炸机，Y 代表运输机，KJ 代表空中预警机，JL 代表教练机，CJ 代表初级教练机，WZ 代表无人侦察机，Z 代表直升机。

9.2.1 六十周年国庆阅兵的空中梯队

国庆六十周年阅兵中，15 型 151 架飞机和直升机组成 12 个空中梯队飞越天安门广场。领机梯队由 1 架领队机——空军的空警 -2000（KJ-2000）和空军"八一"飞行表演队 8 架歼 -7GB（J7-GB）护卫机组成 9 机梯队（图 9-28）。

图 9-28 国庆六十周年阅兵空中领机梯队

这次空中梯队是历次阅兵中规模最大、机型最全的，涵盖了空军、陆军和海军的现役主战机型。这次受阅飞机全部为国产，新机型占到了 95%，这次空中梯队中所有作战飞机都挂弹受阅，多型空空、空地导弹首次公开亮相。

9.2.2 我国的主要军用飞机和直升机

我国的主要军用飞机和直升机见表9-9。

表 9-9 我国主要军用飞机和直升机

飞 机	研制单位	技术特征	其 他
歼-15 （图9-29）	沈阳飞机设计研究所、沈阳飞机工业（集团）有限公司	重型舰载战斗机，第三代战斗机，我国第一代舰载战斗机	2009年8月首次飞行测试，2012年11月在"辽宁"号航空母舰上进行着舰测试和起飞测试。
歼-20 （图9-30）	成都飞机设计研究所、成都飞机工业（集团）有限公司	最新一代（第五代）重型隐形战斗机	2011年1月11日首飞。2017年，中央电视台报道歼-20已正式进入空军序列
歼-31 （图9-31）	沈阳飞机设计研究所、沈阳飞机工业（集团）有限公司	双发单座中型隐形战斗机，代号"鹘鹰"，其目标瞄准第四代战斗机	2012年10月31日首飞
歼-10 （图9-32）	成都飞机设计研究所、成都飞机工业（集团）有限公司	单发、全天候、多功能第三代中型战斗机，有多型号，目前是我国空军"八一"表演队坐骑	1998年3月首飞，2005年正式装备部队，是我国空军现役主力机型
歼-11 （图9-33）	沈阳飞机设计研究所、沈阳飞机工业（集团）有限公司	第三代重型战斗机，具有良好的气动外形、突出的空中机动性能	在引进俄罗斯苏-27SK后，发展开发的衍生机型，是我军现役主力机型
歼-8/歼-8II （图9-34、图9-35）	沈阳飞机设计研究所、沈阳飞机工业（集团）有限公司	第二代高空高速战斗机，歼-8主要用于装备中国空军和海军，歼-8II在歼-8基础上重新设计了部分机身	歼8于1969年7月首飞，1980开始服役；歼-8II于1984年6月首飞
歼轰-7 （图9-36）	西安飞机设计研究所、西安飞机工业（集团）有限公司	全天候多用途歼击轰炸机，主要用于装备中国海军	1988年12月14日首飞成功，1998年开始服役
歼-7 （图9-37）	多个飞机研制单位	第二代高空高速战斗机，曾经是中国空军和海军装备规模最大的主力机型	1966年1月国产歼-7首飞成功。后又发展有许多改型，前后有沈阳、成都、贵州等多个飞机设计所参与研制
强-5 （图9-38）	江西洪都航空工业集团有限责任公司	单座双发超声速轻型强击机，中国空军的主力对地攻击机	1965年6月4日首飞，有多个改进型号

续表

飞 机	研制单位	技术特征	其 他
运 -20 （图 9-39）	西安飞机设计研究所、西安飞机工业（集团）有限公司	新一代重型军用运输机	2013 年 1 月 26 首飞
空警 -2000 （图 9-40）	西安飞机设计研究所、西安飞机工业（集团）有限公司	我国自行研制的重型空中预警机，以俄罗斯的伊尔 -76 为载机	国庆 60 周年阅兵的领机
空警 -200/ 运 -8（图 9-41、 图 9-42）	陕西飞机工业（集团）有限公司	运 -8 是中型四发涡轮螺旋桨中程多用途运输机。空警 -200 是在运 -8 基础上发展的轻型预警机	运 -8 于 1974 年 12 月首飞，曾是我国现役最大的国产运输机，发展有民用型
轰 -6/ 轰油 -6 （图 9-43 和 图 9-44）	西安飞机工业（集团）有限公司	轰 -6 是高亚声速中程战略轰炸机。在轰 -6 基础上发展的轰油 -6，可满足歼 -8II 和歼 -10 飞机的空中加油需求	1968 年 12 月轰 -6 首飞，1969 年交付部队。轰 -6 是我国战略轰炸的核心机种之一，曾担任核弹试验的载机
运 -7 （图 9-45）	西安飞机工业（集团）有限公司	双发涡轮螺旋桨支线运输机，在此基础上发展了"新舟"系列客机，在我国支线航空上使用，且向国外民航出口	1970 年 12 月首飞，1982 年 7 月设计定型，1986 年 4 月正式投入国内航线
教 -8 （图 9-46）	江西洪都航空工业集团有限责任公司	亚声速串列双座中级教练机，出口多个国家，出口型称 K-8	1990 年 11 月首飞，目前是我国空军"红鹰"飞行表演队坐骑
初教 -6 （图 9-47）	江西洪都航空工业集团有限责任公司	串列双座螺旋桨式初级教练机，是我国飞行员初级飞行培训的主要机种，也是我国空军"天之翼"飞行表演队的坐骑	1958 年 8 月首飞，除中国空军大量使用外，还装备亚非多个国家，是我国生产交付数量最多、出口数量最多、出口国家最多的飞机之一
教练 -9 （图 9-48）	贵州飞机有限责任公司	高级喷气教练机，代号"山鹰"	2003 年 12 月首飞
练 -15 （图 9-49）	江西洪都航空工业集团有限责任公司	高级喷气教练机，代号"猎鹰"，具典型第三代战斗机特征	2006 年 5 月首飞
武直 -10 （图 9-50）	景德镇直升机设计研究所昌河飞机工业公司	中型武装直升机，代号"霹雳火"	2012 年 11 月亮相珠海航展
武直 -19 （图 9-51）	哈尔滨飞机制造总公司	武装侦察直升机，代号"黑旋风"	2010 年 7 月首飞

续表

飞 机	研制单位	技术特征	其 他
直 -8 （图 9-52）	中国直升机设计研究所昌河飞机工业公司	中型军民通用运输直升机，运载能力最强的国产直升机，参照法国"超黄蜂"设计	1985 年 12 月首飞。在 2008 年汶川地震救援工作发挥重要作用
直 -9 （图 9-53）	哈尔滨飞机制造公司	轻型多用途直升机，是引进法国"海豚"直升机的专利而生产的	1992 年 1 月国产化直 -9 首飞，1994 年开始交付使用

我国还有其他几种直升机，但相对于固定翼来说要少得多，和国外相比差距较大。

此外，我国在歼 -7 和歼 -8 飞机之前还发展了歼 -5、歼 -6 战斗机等，曾大量装备部队，是我国 20 世纪六七十年代的空军主力机种，目前已经基本退役。为了满足国防建设的需求，我国也从国外购买了部分军用飞机和军用直升机。

图 9-29 中国研制的歼 -15 舰载战斗机从航母上起飞

图 9-30 中国研制的歼 -20 战斗机

图 9-31 中国研制的歼 -31 战斗机

图 9-32 中国研制的歼 -10 战斗机双机编队

图 9-33 中国研制的歼 -11 战斗机编队

图 9-34 中国研制的歼 -8 战斗机

图 9-35 中国研制的歼 -8 II 战斗机

图 9-36 中国研制的歼轰 -7 战斗机

图 9-37 中国研制的歼 -7 战斗机编队

图 9-38 中国研制的强 -5 强击机

图 9-40 中国研制的空警 -2000 预警机

图 9-39 中国研制的运 -20 大型
运输机

图 9-41 中国研制的空警 -200 预警机

图 9-42 中国研制的运 -8 运输机

图 9-43 中国研制的轰 -6 轰炸机

图 9-44 正准备为两架歼 -10（左）进行空中加油的
轰油 -6（右）

图 9-45 中国研制的运 -7 运输机

图 9-46 中国研制的教 -8 教练机

图 9-47 中国研制的初教 -6 教练机

图 9-48 教练 -9 "山鹰"

图 9-49 练 -15 "猎鹰"

图 9-51 中国研制的武直 -19 武装直升机

图 9-50 中国研制的武
直 -10 武装直升机

图 9-52 中国研制的直 -8 直升机

图 9-53 中国研制的直 -9 直升机

第十章

飞行表演与航空运动

　　观看飞行表演往往是航空爱好者和公众最渴望参加的活动，参加航空运动也逐渐成为航空爱好者的重要活动。这两项活动对于宣传航空和激发国民的爱国热情都起到了非常重要的作用。本章主要对世界上闻名遐迩的飞行表演队和蓬勃发展的航空运动进行介绍。

■ 10.1 闻名遐迩的飞行表演队

飞行表演队被誉为"蓝天舞者"，是展示国家航空实力和向民众宣传航空的绝佳途径。目前，一些国家组建多支国际知名的飞行表演队，如俄罗斯空军的"勇士""雨燕"飞行表演队，美国的"蓝色天使""雷鸟"飞行表演队，中国空军"八一"飞行表演队，法国的"巡逻兵"飞行表演队，英国的红箭飞行表演队等。在美国还有多支民间飞行表演队，水平也非同一般。

■ 10.1.1 中国飞行表演队

中国空军目前有三支飞行表演队，分别是"八一""红鹰""天之翼"飞行表演队。

（1）"八一"飞行表演队

"八一"飞行表演队（图10-1、图10-2）成立于1961年，最初是作为空军的护航大队，先后使用过米格-15比斯、歼-5、歼-6、歼教-5、歼-7EB、歼-7GB、歼-10A等机型。飞行表演能力从单机、双机、四机发展到六机、九机编队复杂特技表演，形成了自己的表演特色。作为空军名片和空中仪仗队的飞行表演队，先后接待了来自五大洲的一百多个国家和地区的五百多个代表团，多次出色地完成了国庆阅兵、国际航空展览、外国元首访华礼仪表演等重大表演任务。在2009年空军建军60周年庆祝大会上，两代机型歼-7GB和歼-10同时进行了精彩的飞行表演，逐步完成新老接替，把中国空军的风采传遍四方。目前，歼-10A是"八一"飞行表演队的坐骑。

图10-1 中国"八一"飞行表演队的歼-7GB表演机编队飞行

图10-2 中国"八一"飞行表演队的歼-10A表演机编队飞行

（2）"红鹰"飞行表演队

"红鹰"飞行表演队（图10-3）于2011年初在空军第三飞行学院组建，使用我

国亚声速喷气式教 -8 型教练机。该学校是"航天英雄"翟志刚的母校，并成功培养了中国首批战斗机女飞行员。

（3）"天之翼"飞行表演队

"天之翼"飞行表演队（图 10-4）于 2011 年初在空军航空大学成立。该学校是我军唯一一所以培养飞行人才为主体的学历教育院校，是"航天英雄"杨利伟的母校。

图 10-3 中国"红鹰"飞行表演队的教 -8 表演机编队飞行

图 10-4 中国"天之翼"飞行表演队的初教 -6 表演机编队飞行

10.1.2 俄罗斯飞行表演队

（1）"勇士"飞行表演队

"勇士"飞行表演队（图 10-5）成立于 1991 年，是世界上极少数使用重型战斗机作为表演机的表演队。"勇士"将苏 -27 飞机的性能发挥得淋漓尽致，首创了四机绕同一纵轴横滚的动作，"眼镜蛇机动"更是让苏 -27 的机动性能名扬四海。

苏 -27 飞机是苏联苏霍伊飞机设计局的重要产品，该设计局由著名飞机设计师苏霍伊（图 10-6）创建。苏霍伊一生中领导设计了 50 多种飞机，主要是截击机和歼击轰炸机，设计工作中以大胆创新而著称。在苏联他最先采用变后掠翼、两侧进气道、双三角翼等气动布局以及升力发动机。苏霍伊对设计飞机无比执着，即便因为政治原因遭到关闭设计局的厄运，仍坚持设计飞机。

图 10-5 俄罗斯"勇士"飞行表演队的苏 -27 表演机编队飞行

图 10-6 著名飞机设计师苏霍伊

（2）"雨燕"飞行表演队

"雨燕"飞行表演队（图10-7）成立于1991年，使用米格-29战斗机作为表演机，具有非凡的空中编队表演能力，通过飞行表演极大地宣传了米格-29战斗机的性能，为该飞机的外销做出了积极的贡献。

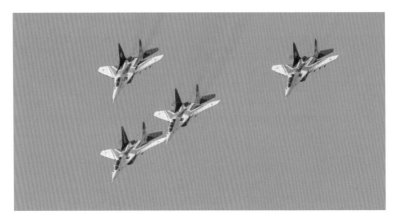

图 10-7 俄罗斯"雨燕"飞行表演队的米格-29
表演机编队飞行

米格系列飞机是由苏联米格设计局研制的。苏联著名的飞机设计师米高扬和格列维奇（图10-8）是设计局的创始人。两人堪称"最佳搭档"，是"思想上共鸣、工作上合拍的一对好伙伴"。所设计的著名米格系列飞机，成为美、苏在全球范围

米高扬

格列维奇

图 10-8 著名飞机设计师米高扬和格列维奇

空军军事力量对垒的象征。米高扬与格列维奇在几十年的飞机设计生涯中一直把高空、高速作为主要目标，共研制了30个型号，其中投入批量生产的有10个型号。

■ 10.1.3 美国飞行表演队

（1）"蓝色天使"飞行表演队

成立于1946年的"蓝色天使"飞行表演队（图10-9）是世界上唯一一支隶属于海军的飞行表演队。1986年，换装了目前使用的F/A-18"大黄蜂"战斗机。在成立的60多年里，"蓝色天使"做了近3000场表演，几乎美国每年的百余场飞行表演中的大型

飞行表演都有"蓝色天使"的精彩表演。

图 10-9 美国"蓝色天使"飞行表演队的 F/A-18"大黄蜂"表演机编队飞行

（2）"雷鸟"飞行表演队

"雷鸟"飞行表演队（图 10-10）成立于 1953 年，是世界上影响力最大的表演队之一。自建队以来，"雷鸟"飞行表演队共为数亿人表演近 4000 场。从 1982 年开始，"雷鸟"开始使用空军的主力机型 F-16 战斗机，从此以后影响力猛增。每年在美国各地的飞行表演中，"雷鸟"都有例行演出。

图 10-10 美国"雷鸟"飞行表演队的 F-16 表演机编队飞行

此外，非常值得一提的是，美国除了以上两支国家军队所有的飞行表演队以外，还有多个民间飞行表演队，而且水平非常高，既有仿古的螺旋桨飞机，也有现代和早期的喷气式飞机。美国每年在全国各地有百余场飞行表演，基本上每个州都有。表演现场异彩纷呈、高潮迭起，静态展示和动态飞行交相辉映，民间表演队和军队表演队密切配合。参加静态展出的军用飞机都是现役飞机，可以供民众登机自由参观和体验。这大大激发了民众的爱国热情和航空热情。

■ 10.1.4 法国飞行表演队

第二次世界大战以后，许多法国航空联队相继成立过飞行表演队，许多优秀的表演队都被授予过"法国巡逻兵"的称号。1964 年，法国国防部将这个名号唯一授给了罗普旺斯高级飞行学院特技飞行队，这就是今天的"巡逻兵"飞行表演队（图10-11）。1981 年，表演队换装了现在使用的"阿尔法喷气"教练机。

"阿尔法喷气"高级教练 / 轻型攻击机是法国达索公司和德国联合研制的教练 / 攻击机。达索公司是世界主要军用飞机制造商之一，达索是公司的创始人（图10-12）。达索不仅是法国著名的飞机设计师、企业家，一生设计过九十余种飞机；还是政治活动家，担任法国国民议会会员 36 年。达索本人把自己的活动更多地看作是一种艺术，而不仅仅是科学。用他的一句格言来说就是："一架漂亮的飞机，飞起来一定是很美的。"

图 10-11 法国"巡逻兵"飞行表演队的"阿尔法喷气"表演机编队飞行

图 10-12 著名飞机设计师、企业家、政治活动家达索

10.1.5 英国飞行表演队

英国"红箭"飞行表演队（图10-13）成立于1965年，是英国皇家空军的骄傲。"红箭"的名字是为了纪念英国曾经很有名的两个飞行表演队：红鸟和黑箭。1980年，表演队换装了目前使用的"霍克"喷气教练机。

图10-13 英国"红箭"飞行表演队的"霍克"表演机编队飞行

10.1.6 其他国家的飞行表演队

此外还有，意大利空军"三色箭"飞行表演队（图10-14），日本航空自卫队的"蓝色冲击波"飞行表演队（图10-15），加拿大的"雪鸟"飞行表演队（图10-16），澳大利亚的"轮盘"飞行表演队（图10-17）等。

图10-14 意大利"三色箭"飞行表演队
的MB-339表演机编队飞行

图10-15 日本"蓝色冲击波"飞行表演队的三菱T-4
表演机编队飞行

图 10-16 加拿大"雪鸟"飞行表演
队的 CT-114 表演机编队飞行

图 10-17 澳大利亚"轮盘"飞行表演队
的 PC-9/A 表演机编队飞行

10.2 蓬勃发展的航空运动

航空领域除去除军事航空、民航之外，还有通用航空。通用航空是一个非常广泛的概念，确切地讲是指使用民用航空器从事公共航空运输以外的民用航空活动，包括从事工业、农业、林业、渔业和建筑业的作业飞行以及医疗卫生、抢险救灾、气象探测、海洋监测、科学实验、教育训练、文化体育等方面的飞行活动。在国外，公务机（图 10-18）也是通用航空的一种，但我国则基本上将公务机托管于民航。

图 10-18 公务机

航空运动是一种重要的通用航空活动，是指利用航空器或其他器械在空中进行的体育运动，随着各种航空器的诞生而发展。美国、俄罗斯、澳大利亚、日本、加拿大及欧洲许多国家的航空运动比较发达。在我国，航空运动自建国之后就开始开展，经历了从蓬勃发展到停滞再到重新崛起的发展过程。我国的航空运动虽然和发达国家相比还有很大差距，但目前各种航空运动已经成为爱好者踊跃参加的活动。

国际航空联合会作为国际性的航空运动管理组织，将航空运动分成：特技飞行、航空模型、自制飞行器与试验飞行器、创纪录飞行、气球、滑翔机、悬挂滑翔与滑翔伞、超轻型飞机与动力伞、跳伞、旋翼飞行器等运动和活动，并成立了各项运动和活动的管理委员会。各个国家作为国际航空联合会的成员国，则根据各自的情况参照国际航空联合会的有关要求开展活动。

10.2.1 各种航空运动

10.2.1.1 特技飞行运动

特技飞行运动（图 10-19）是指主要利用飞机和滑翔机开展特技飞行及其竞赛，

是历来最吸引公众的飞行活动。特技飞行既能表现驾驶员的意志和技巧，也能体现飞机设计与制造者的智慧，还可促进飞机制造、驾驶技术与航空理论的发展。

图 10-19 特技飞行运动

10.2.1.2 航空模型运动

航空模型运动（图 10-20）是一项以放飞、操纵航空模型进行竞赛和创纪录飞行的航空运动。航空模型是一种有尺寸和重量限制的雏形航空器。作为航空运动的一种基础性活动，吸引了成千上万的青少年和成人爱好者。这项运动有助于培养人们特别是青少年对航空事业的兴趣，普及航空知识和技术，培养航空后备人才，发展智力，增进身体健康，陶冶情操。

图 10-20 航空模型运动

图 10-21 一种业余制造和试验的轻型飞机

10.2.1.3 自制飞行器与试验飞行器运动

自制飞行器与试验飞行器运动（图 10-21）是指业余爱好者根据图纸组装或者自己设计和制造飞行器的一种航空运动。这种飞行器只能作为爱好者自身的教育和娱乐，对于尺寸和重量也有一定的限制。美国著名的 EAA（试验飞机协会）大会最早就是以业余爱好者自制的飞行器为主的航空运动聚会，后来发展成以航空运动为主的世界上最大的全方位航空盛会。

10.2.1.4 创纪录飞行活动

创纪录飞行活动是指一种创造新的航空航天世界纪录的活动。自莱特兄弟发明飞机以来，人类已经创造了很多航空航天世界纪录。如美国的"白色骑士"号飞行器搭载"太空船"1 号飞行器就创造了多项航空航天纪录（图 10-22）。

图 10-22 创造多项航空航天纪录的美国"白色骑士"号飞行器搭载"太空船"1 号飞行器

10.2.1.5 气球运动

气球运动是驾驶热气球和氢气球升空飞行的一项航空运动。自 1783 年两名法国人第一次乘热气球飞上蓝天以来，热气球运动（图 10-23）已经成为公众所喜爱的航空运动。其各种精美图案更是吸引眼球。

图 10-23 热气球运动

10.2.1.6 滑翔机运动

滑翔机运动（图 10-24）是指驾驶滑翔机在空中滑翔飞行的一项航空运动。自 1881 年德国人李林塔尔设计制造了人类第一架可操纵的载人滑翔机，实现将人送上蓝天的重于空气的航空器以后，滑翔机被广泛地应用于航空体育运动。滑翔机运动也对飞行员的培养起了非常重要的作用。

图 10-24 滑翔机运动

10.2.1.7 悬挂滑翔与滑翔伞运动

悬挂滑翔运动（图 10-25）是一种以轻型、无动力的滑翔翼飞行的航空运动。悬挂滑翔翼通常又称三角翼。悬挂滑翔翼的飞行员一般悬挂在翼体下方俯式飞行，利用身体的重心移动来进行操纵。

滑翔伞运动（图 10-26）起源于 1984 年，是由法国一批热爱跳伞、悬挂滑翔翼的飞行人员发明的一种飞行运动。滑翔伞和悬挂滑翔机一样通常从高山斜坡用双脚起飞，完成飞行后用双脚着陆。滑翔伞与传统的降落伞不同，其实质是一种软式的机翼。

图 10-25 悬挂滑翔运动　　　　　　　　图 10-26 滑翔伞运动

10.2.1.8 超轻型飞机与动力伞运动

超轻型飞机（图 10-27）是按重量分类中最轻的一类飞机，对于超轻型飞机的空机重量也有一定的限制，单座飞机不超过 115 千克，双座飞机不超过 150 千克。超轻型飞机具有结构简单、起降方便、低空低速性能好、驾驶容易、运输使用和维护方便、经济安全等特点。动力三角翼（图 10-28）也属于超轻型飞机这一类。

动力伞（图 10-29）是一种由法国人发明的有动力航空器，主要由滑翔伞与发动机两大部分组成，1984 年诞生。动力伞具有起降灵活、耗费低等优点，为许多爱好者所喜爱。

图 10-27 超轻型飞机运动

图 10-28 动力三角翼运动

图 10-29 动力伞运动

10.2.1.9 跳伞运动

跳伞运动（图 10-30）是指跳伞员乘飞机、气球等航空器或其他器械升至高空后跳下，或者从陡峭的山顶、高地上跳下，并借助空气动力和降落伞在张开降落伞之前和开伞后完成各种规定动作，再利用降落伞减缓下降速度在指定区域安全着陆的一项体育运动。它以自身的惊险和挑战性，被世人誉为"勇敢者的运动"。该项运动既是一种民间运动，也是一项军事活动（伞

图 10-30 跳伞运动

兵），每年吸引了众多的爱好者参加。

10.2.1.10 旋翼航空器运动

旋翼航空器运动（图10-31）是一种驾驶包括直升机在内的旋翼航空器的航空运动，由于不受飞行场地的限制，是一种应用范围广泛的航空运动。

图 10-31 旋翼航空器运动

■ 10.2.2 航空运动的组织机构

世界范围的官方航空运动组织是国际航空联合会（Federation Aeronautique Internationale，简称 FAI，网址：www.fai.org）。它是一个组织世界航空运动与竞赛、规范航空运动标准的民间非盈利组织，成立于 1905 年，总部位于瑞士洛桑。经过 100 多年的发展，已经成为一个拥有 100 多个成员国的国际航空运动组织。

美国是航空运动最为发达的国家，有许多著名的民间航空运动组织，如美国试验飞机协会（Experimental Aircraft Association，简称 EAA，网址：www.eaa.org）、美国飞机所有者与飞行员协会（Aircraft Owners and Pilots Association，简称 AOPA，网址：www.aopa.org）、美国跳伞协会（United States Parachute Association，简称 USPA，网址：www.uspa.org）、美国滑翔机协会（Soaring Society of America，简称 SSA，网址：www.ssa.org）、国际直升机协会（Helicopter Association International，简称 HAI，网址：www.rotor.com）、美国航空模型学会（Academy of Model Aeronautics，简称 AMA，

网址：www.modelaircraft.org）等。
这些组织在美国和世界范围内有非
常大的影响力，如 EAA 拥有超过
16 万的会员，AOPA 拥有 40 万会
员。EAA 自 1953 年成立以来，每年
7 月最后一周举办的"飞来大会"
（AirVenture，网址：www.airventure.
org，图 10-32、图 10-33），每次都
有上万架大小各异的飞机从各地飞
来，每年都能吸引近百万的观众。

图 10-32 EAA AirVenture 一角

我国的航空运动是在国家体育总局航空无线电模型运动管理中心的领导和管理
下进行的。中心设立中国航空运动协会，负责管理全国航空体育运动项目，也是代
表中国参加国际航空联合会及相应活动的唯一合法组织。当前，中国航空运动也正
朝着蓬勃发展的道路前进。

图 10-33 参加美国 EAA 飞行表演的飞机代表